U0043604

信義文化基金會◎策劃

鄭伯壎・黃國隆・郭建志◎主編

大學館

【海峽兩岸管理系列叢書IV】

海峽兩岸之組織與管理

信義文化

財團法人
信義文化基金會

A Sinyi Cultural Foundation Series: The Management in Taiwan and China
Volume 4: *Chinese Legacies and Management in Taiwan and China*
by Cheng Bor-shiuan, Huang Kuo-long & Kuo Chien-chih (eds.)
Copyright © 1998 by Sinyi Cultural Foundation
Published in 1998 by Yuan-Liou Publishing Co., Ltd., Taiwan
All rights reserved
7F-5, 184, Sec. 3, Ding Chou Rd., Taipei, Taiwan
Tel: (886-2) 2365-1212   Fax: (886-2) 2365-7979

YL*ib* 遠流博識網
http://www.ylib.com.tw
e-mail: ylib@yuanliou.ylib.com.tw

【海峽兩岸管理系列叢書 IV】
海峽兩岸之組織與管理

策　　劃／財團法人信義文化基金會

主　　編／鄭伯壎、黃國隆、郭建志

作　　者／司徒達賢、任金剛、呂　源、周丁浦生、張慧芳、梁　覺、許士軍、
（依筆畫序）　郭建志、陳明哲、楊國樞、鄭伯壎、謝貴枝

責任編輯／吳美瑤、賴依寬、陳永強

執行編輯／許邦珍、黃訓慶

發 行 人／王榮文

出版發行／遠流出版事業股份有限公司

　　　　　臺北市汀州路 3 段 184 號 7 樓之 5

　　　　　郵撥／0189456-1

　　　　　電話／2365-1212　　傳真／2365-7979

香港發行／遠流(香港)出版公司

　　　　　香港北角英皇道 310 號雲華大廈 4 樓 505 室

　　　　　電話／2508-9048　　傳真／2503-3258

　　　　　香港售價／港幣 93 元

法律顧問／王秀哲律師・董安丹律師

著作權顧問／蕭雄淋律師

1998 年 10 月 1 日　初版一刷

2000 年 12 月 5 日　初版二刷

行政院新聞局局版臺業字第 1295 號

售價 280 元　　（缺頁或破損的書，請寄回更換）

版權所有・翻印必究　Printed in Taiwan

ISBN 957-32-3589-7

【海峽兩岸管理系列叢書 IV】

海峽兩岸之組織與管理

策 劃
財團法人信義文化基金會

主 編
鄭伯壎・黃國隆・郭建志

作 者
司徒達賢・任金剛・呂　源・周丁浦生
張慧芳・梁　覺・許士軍・郭建志・陳明哲
楊國樞・鄭伯壎・謝貴枝

目　錄

作 者(依筆畫序)

司徒達賢：政治大學企業管理學系教授
任金剛：中山大學人力資源管理研究所副教授
呂源：香港中文大學管理學系副教授
周丁浦生：美國加州心理專業學院組織心理學系教授
張慧芳：台灣大學心理學研究所博士班研究生
梁覺：香港中文大學心理學系教授兼系主任
許士軍：高雄銀行董事長
郭建志：台灣大學心理學研究所博士候選人
陳明哲：美國賓州大學華頓(Wharton)管理學院教授
楊國樞：中央研究院院士與副院長、台灣大學心理學系暨研究
　所教授
鄭伯壎：台灣大學心理學系教授
謝貴枝：香港大學商學院教授

出版緣起

　　中國大陸自1979年實施改革開放政策以來，經濟快速發展，許多外商及台商對大陸市場的投資比重，隨著大陸對外開放的產業、地域範圍之擴大，而逐年增加。雖然兩岸人民屬同文同種，但兩地總體投資經營環境與企業文化卻有很大的差異。此外，大陸投資的商機雖多，但台商經營失敗的例子亦時有所聞，其中對當地環境的了解與經營策略，乃是投資大陸市場的關鍵。

　　財團法人信義文化基金會從民國八十一年五月二十八日創立迄今，以推廣社會教育、學術研究及文化交流活動，進而宏揚優質文化、提昇生活品質、促進和諧人生為宗旨。期望經由社會文化及教育活動，讓社會、企業與個人重新注入「信」與「義」之積極精神。在具體的工作要項上，乃以「信義文化精神」為核心，透過「推廣企業倫理與組織文化」暨「促進兩岸與國際學術交流」四大工作方向，來達成基金會之使命。基於「促進兩岸學術交流」之工作要旨，基金會自1993年1月起即陸續主辦過：「海峽兩岸企業員工工作價值觀之差異」、「企業文化之塑造與落實」、「台灣與大陸企業文化及人力資源管理」、「華

人企業組織與管理」、「兩岸企業經貿與管理」等有關於兩岸人文、社會科學的學術研討會；以及委託國內知名學者專家進行有關：「大陸地區三資企業員工工作價值觀之研究」、「台灣與大陸企業文化之比較實證研究」等多項專題研究。同時，亦經常邀請大陸地區傑出學者專家來台訪問研究，以增進兩岸人民之了解與和諧關係之建立。在歷次調查報告、研討會之後，總是能夠獲得各界人士的熱烈迴響。

此次基金會出版《海峽兩岸管理系列叢書》，全套共分為《海峽兩岸之企業文化》、《海峽兩岸之企業倫理與工作價值》、《海峽兩岸之人力資源管理》及《海峽兩岸之組織與管理》四冊，主要是針對企業文化與兩岸企業管理方面的議題，將過去舉行相關研討會、專題研究暨學術論文獎之論文精選，彙編成冊，藉以分享社會大眾，擴大兩岸學術交流的影響層面。出版此一叢書之意義，不僅是肯定基金會過去積極推動兩岸企業之互動與經驗交流所做的努力，更重要的是希望透過企業文化與兩岸企業管理之合作發展，共同研擬兩岸未來的方向，以作為華人企業結盟與擴展的基礎。

感謝國立台灣大學鄭伯壎教授、黃國隆教授、郭建志先生於百忙中撥冗主持叢書之編輯業務，以及參與作業的吳美瑤、許邦珍、黃訓慶、陳永強、賴依寬等工作人員，特別感謝遠流出版公司王榮文董事長的大力支持，使本書得以順利出版發行，謹以誌意。

專文推薦

　　過去四、五十年來，由於全體台灣人民的勤勞奮發，使得台灣的經濟發展突飛猛進，百姓生活巨幅改善。然而，近幾年來由於台灣地區的人力與土地成本高漲，勞動力短缺，以及經濟自由化與企業國際化的趨勢，不少台灣企業紛紛向外發展，其中前往中國大陸投資設廠者尤其眾多。

　　台灣與大陸雖屬同文同種，但是海峽兩岸在政治上已分離分治達五十年之久，雙方在社會制度、經濟體制與生活方式上已有相當差異，使得許多大陸台商在經營管理上遭遇不少困難。

　　為了探討台商在大陸之經營管理問題，並增進台商對大陸經營環境之瞭解，信義文化基金會先後舉辦了「海峽兩岸企業員工工作價值觀之差異研討會」及「台灣與大陸企業文化及人力資源管理研討會」，邀請海內外相關領域的知名學者及台灣企業界的傑出人士共同發表研究心得與分享實務經驗。此外，在1996年更舉辦了「華人企業組織暨管理研討會」，探討促成華人地區經濟成長背後的組織與管理行為，以因應華人企業的全球化挑戰。

　　為了將上述研討會的成果與社會大眾共同分享，信義文化基金會乃決定將它集結成冊，贊助經費予以出版，以期在華人社會廣為流傳，並增進華人企業的經營效能。本人十分敬佩信義文化基金會董事長周俊吉先生的熱心提倡學術與文化活動，以及台灣大學商學研究所黃國隆教授與心理學研究所鄭伯壎教授、郭建志先生三人的精心策劃。今後希望能進一步透過華人社會學術界與企業界的共同努力，使得華人企業的經營管理能更上一層樓、華人地區的經濟成長更加耀眼。

高清愿

統一企業集團總裁

全國工業總會理事長

讀後感言：
賀《海峽兩岸管理系列叢書》
的出版

　　本套《海峽兩岸管理系列叢書》乃將近年來由信義文化基金會所主辦的有關學術研討會發表之論文以及所委託的專題研究成果報告彙集成冊，再由信義文化基金會出版問世。本叢書和一般其他同類以管理為主題的論著相較，其一基本特點，為自文化或人文觀點探討當前兩岸所面臨的管理問題；同時，由於其選擇兩岸企業為研究範疇或對象，又使這一叢書與一般文獻中所稱之「跨文化研究」（cross-cultural research）不同。鑒於叢書中所收論文與研究報告之作者，包括了台、港、大陸和美國各地之知名學者，無論在學術水準或見解深度上均有可觀之處。今經彙集成冊出版，不僅方便今後從事相關研究者之查考利用，相信亦將對具有我國文化色彩之管理研究方向產生重大影響。不禁使人對於信義文化基金會在這方面的眼光與默默耕耘精神，表示衷心的感佩。

　　在一般人的刻板印象中，將「企業」與「文化」二者相提並論，似乎格格不入。企業追求利潤，而文化追求價值；企業以成敗論英雄，而文化則探討較永恆之意義。事實上，這些只是表象上的差異。在本

質上，所謂企業的發展及其運作方式本身，代表人類社會為求生存與適應環境需要下的產物；依此意義，也就是文化演進下的產物。如果我們檢視構成企業的一些基本要素，如創業動機、群體合作、市場機制、利潤分配等等，無不與文化與有密切關係。學者每視企業為一種「社會技術系統」(socis-technical system)，其中真正有趣的，而且和人發生直接關係的，乃在於其社會層面，而非技術層面。

基本上，企業的存在與發展，其最大的理由乃為社會創造「績效」(performance)。譬如人們常呼籲政府採取「企業化」方式運作，其涵義即在要求政府機關能夠秉持追求「績效」的原則推動各種政務。一般所稱，企業以追求利潤為目的的說法，只是一種虛構；企業所追求者，乃是「績效」，而利潤只是對於創造績效的報酬而已。但是，什麼是績效？這一問題的答案並非一成不變的，而是隨著時間和空間條件而改變。

譬如在經濟發展初期，企業所追求者，為生產產量之推增以解決供不應求之困境；但其後生產力大增，只是生產增多是不夠的，重要的是配合顧客的需求。再就顧客的需求而言，早期只是注重產品的價格低廉和經久耐用；然而今日却喜愛「輕薄短小」之設計以及配合個人品味的不斷創新。

再就企業內之人際關係而言，早期所憑藉的乃是權威規範，而這種權威乃建立在家族倫理或層級職位之上。這種權威未必和任務的達成有直接的關係，同時往往是「屬人的」，造成僵化，和實際任務需要脫節。然而，隨著社會價值多元化，以及企業競爭對於創新的迫切需

要，傳統的權威來源和結構逐漸喪失其作用，被建立在專業主義和任務需要的權威所取代。

在過去幾十年中，有關企業的「治理權」（governance）問題一直飽受爭議。基本上，所謂「公有」、「私有」或「公營」、「民營」何者為優？在世界上有許多國家一直爭論不休，而且以不同型態付諸實施。這一爭議，到了今天雖未完全平息，但大體已有定論，此即為配合企業以創造「績效」為本質之前提，應該採取民有或民營型態，所謂「民營化」（privatization）已成為舉世一致的潮流。

然而這種民營企業，並非完全建立在「私有財產制度」上，只為其業主或投資者謀取利潤，而應負起種種社會責任，此時，一企業所應負責的對象，包括員工、顧客、社區、一般社會大眾，也擴及對於環境生態的保育等方面。這些責任之履行，有些已透過法律形式予以強制規定，但是更多的或更廣泛的，乃訴之於企業倫理的自我要求。

以上所概括描述的企業趨向，大致言之，代表整個世界性的潮流，恐怕也是海峽兩岸共同趨向。不過由於海峽兩岸企業的經營環境在過去幾十年間的發展歷程不同，自然造成目前狀況的差異，如今能透過諸如本系列叢書所呈現的比較研究，既可同中求異，也可異中求同！所獲得之深入了解，不但有助於管理理論的啟發，更可幫助實務工作者之實際應用。尤其面臨今後愈來愈多企業同時在海峽兩岸從事經營活動，這方面的知識必將有助於發展兼顧不同狀況下的組織管理需要。

個人有幸參與信義文化基金會所舉辦與本叢書有關之各項活動，

看到如此豐碩成果能夠編纂成冊以廣為流傳，感到十分興奮，值此付梓前夕，特就個人所感，略綴數語以為慶賀，並對熱心參與及籌辦研討會之先進，表示衷心欽佩。

中華民國管理科學學會理事長

前台灣大學管理學院院長

信義文化基金會董事

主編的話：
迎接華人管理世紀的來臨

　　做預測並不難，但要做準確的預測却不容易，尤其在這個巨變的時代。十幾年前，大家並未能預測蘇聯帝國的解體，會如摧枯拉朽，竟在瞬間傾垮。也無法預測同是堅持社會主義路線的中國大陸不但改弦易轍，洞開門戶，而導致了蓬勃的經濟發展。更沒有人預測到，五千多萬非居住在中國大陸的海外華人，會成為一股強大的經濟勢力。結合了中國大陸廣大的市場、充沛的人力及遼闊的土地，大中華經濟圈迅速崛起。世界銀行已經指出：跨入二十一世紀之後，包括台灣、香港、大陸在內的大中華經濟圈的經濟規模將超越日本，直追美國，甚至可能躍居世界第一。

　　在這種轉變的背後，不管是學術工作者或是實務興業家，都想抓住歷史的機遇，大顯身手一番。尤其是海峽兩岸三地的經濟、組織及管理，更捕捉了許許多多人的眼光，形成一個世界性的話題。就學術旨趣而言，不論人們對大中華經濟圈崛起的現象抱持著何種態度，它都是值得研究的對象。追隨組織與管理學的大師韋伯（Max Weber）的足跡，人們不禁納悶：為何大師的論斷——中國無法產生資本主義

的主張竟是錯得如此離譜？於是各式各樣的論証出來了，不論是贊成
或反對，都已交織出一片學術的榮景。尤其在東南亞金融風暴之後，
大中華經濟圈的受創程度較輕，更將引發下一波的學術思潮。

　　在這當中，文化當然是最無法被人忘懷的。只有在特定的文化環
境之下，制度才能奏效。然而，文化指涉的是什麼？制度又扮演了何
種角色？不管文化也好，制度也罷，最重要的是，彰顯文化與制度特
色的廠商行動。只有透過人的行動，才能突顯出文化與制度的關鍵性
效果。的確，問題的核心在人，人是制度、政策、結構及文化的載體。
雖然制度與文化有其一定的決定性，但制度、文化如何落實到人的身
上，人與結構又如何發生互動，而對經濟活動產生影響？只有對這些
問題加以探討，才能彌補制度、文化與經濟活動之間的斷裂。

　　其次，從微視的觀點來看，海峽兩岸三地在經歷五十年以上的分
立、分治之後，其間又各自擁有不同的歷史體驗，社會文化傳統所產
生的型塑效果自是不一。因此，所展現出來的經濟活動與經濟行為也
可能有所不同。如果傳統文化具有抵禦外來衝擊的硬殼，則海峽兩岸
三地或各華人社會所展現的價值觀將是相似大於相異，並與西方具有
清楚的分野。如果傳統文化抵擋不住現代化的型塑，則海峽兩岸三地
或各華人社會由於各自的發展進程不同，而可能擁有不同的管理體
系；但最後將在全球化的趨勢下，逐漸拉近彼此的距離。究竟文化的
衝擊較強？抑是體制的影響較大？確實是值得討論的。當前者為真
時，則關係、人情、權威、家族等華人傳統價值觀，將導出另一類的
組織與管理的重大議題，並建構出一套與西方迥然不同的管理學術體

系。如果不然，則有效的管理手法將在全球化的浪潮之下，日趨一致。

　　第三，歷史事件的出現雖然常是偶發的，但歷史機遇的掌握，則是人為的。一旦抓住機會，將可以進一步創造歷史。例如，合資企業（joint venture）的出現是一種歷史的偶然，但做為一種新的組織類型，將可吸引有心的學術工作者投入，一方面滿足人類求知的好奇心，另一方面對傳統的組織理論有所增補。

　　無獨有偶的，台商、港商及其他華人企業的國際化所帶出的「家族企業全球化」的戲碼，也將吸引不少捧場的觀眾。另外，被英國《經濟學人》雜誌稱許為抵抗金融風暴利器的台灣式的產業垂直分工，亦已經為下一世紀的組織間網絡的興起做出預告。凡此種種，均說明了華人組織與管理的研究之路是如此的寬廣與絢麗。

　　從實務旨趣而言，全球化的興起以及大中華經濟圈的形成，在在擴大了企業家與企業人士的活動範圍。或跨海西進、三地分工；或深入不毛、遠走他鄉，都使實務工作者有重構企業版圖的機會。於是許多從來不存在或以往被忽視的課題，就顯得重要：例如，管理可以移植嗎？許多實務工作者都得理解：當一項在台、港或某一地區被證實是成功的管理制度，在什麼樣的條件下，才可以移植到其他諸如中國大陸的地區？要如何做，管理制度才能發揮其既有的效果？取法乎上（尊重總部）或取法乎下（尊重本地）將構成跨國（或跨地區）企業策略性思考的主軸。就如一鳥在手，死與放飛之間，都將是華人實務工作者「摸著石頭過河」的嶄新經驗。當然類似海外派駐與海外人力資源管理的議題也將一一浮現。國際企業管理或許是下一波華人企業

家主要學習的課題，也是創新管理技術的主要舞台。

　　自從一九八四年（民國七十三年）國立台灣大學心理學系與中國時報舉辦「中國式管理研討會」以降，海外針對華人組織與管理的研討頗多，均想帶出具有華人本色的管理與實務，從X、Y、Z理論邁向C理論。可惜的是，首開風氣之先的台灣却反而躊躇不前。就在薪火將熄之際，幸賴信義文化基金會義無反顧，扶傾濟危。從一九九三年之後，每年舉辦華人管理議題的研討，召集海內外識見卓越之士，齊聚一堂，共同討論。目前已歷五屆，主題包括海峽兩岸之工作價值、企業文化、組織管理及經貿往來，討論精彩，鞭辟入裡。當鄭伯壎教授於英國劍橋大學訪問時，呂源教授提議，各主題的論文水準均屬上乘，何妨編輯成書，發行海內外。一方面可以提升學術研究水準，對管理實務有所助益；一方面也可推廣信義企業集團的「信義精神」。於是我們乃向信義文化基金會提議，基金會不但欣然同意資助出版，而且也獲得了遠流出版公司的鼎力相助。經過多次的討論之後，我們決定先編纂四冊，分別為海峽兩岸之企業文化、企業倫理與工作價值、人力資源管理以及組織與管理。我們十分感謝周俊吉先生與王榮文先生兩位企業精英，更要特別向編輯工作小組的諸位成員：吳美瑤小姐、許邦珍小姐、賴依寬小姐及陳永強先生致上最崇高的敬意，她（他）們已為團隊工作樹立了完美的典範。

　　幽默大師馬克吐溫曾說，一個動手抓住貓尾巴，把貓拎回家的人，所獲得的啓示，十倍於在旁邊觀看的人。我們是旁觀者，雖然我們也看得仔細，但我們更感佩那些動手抓貓的企業人士。二十世紀即將落

幕，讓我們一起迎接華人管理世紀的來臨，共創華人管理美好的未來。

謹識

於國立台灣大學

家族主義、專業主義與創業
——以華人企業爲背景的探討

許士軍

高雄銀行董事長

〈摘要〉

企業組織所採取的決策和行為，深受組織內人員彼此間的倫理關係和角色預期等因素之影響，後者構成組織內之非正式結構，不但賦予正式組織結構以具體而真實的內容，其影響甚至凌駕於產業或技術條件之要求。

以華人企業而言，上述之非正式組織因素深受家族主義之影響；此即屬於華人文化深層結構中的家族倫理關係，應用、移植或投射於經濟與技術結構的企業組織內，對於後者產生強烈而普遍之互動，甚至支配作用，構成華人企業之一基本特色。

此種特色，對於華人企業之創業似乎產生多方面之激勵與支持作用，構成華人在世界各地普遍創設事業之背後推動力量。不過，隨著社會和技術環境發生劇烈改變，家族主義在企業內之適應性和影響力發生衰退。此時，有關人際關係有待新的倫理典範以為代替。

在本文中，作者嘗試以專業主義代表此種新的倫理典範，除對其內涵予以說明外，亦就此探討其對於創業的可能影響。

前　言

　　自家族主義（familism）、專業主義（professionalism）和創業（entre-
preneurship）三個名詞而言，各自代表一種社會經濟制度，也各自成爲
一個累積有相當豐富的理論與文獻的研究領域。但若探究這三者的交
集，則其間關係將呈現不同的層次、構面和產生新的問題和命題。

　　在這篇短文中，乃企圖將這三者間的關係置於華人企業的範疇內
予以探討。由於華人企業所擁有的某些基本特質，希望藉此化約原較
複雜的問題變爲較爲具體化，這應該是屬於比較研究領域內的emic型
研究。在此所謂華人企業，乃偏重文化意義下的一種歸類，實際上，
乃以東南亞、香港、台灣的民營企業爲主要對象。它們共同擁有的一
個特色即是屬於所謂家族企業。在這種企業內，人與人間的關係，除
了受正式組織結構與技術因素影響的，尚且受文化上的倫理關係所支
配。而傳統上，這種倫理關係乃導源於家族，在此稱之爲家族主義。

　　在傳統的華人企業內，這種家族主義力量之深刻與普遍，遠超過
正式的官僚結構（bureaucratic structure）；或更正確的說，在後者的表
層下，乃賴家族主義賦予其實質上的意義和內容。

　　不過。人們也發現，隨著華人社會的文化變遷，家族制度及其所
孕育的倫理關係都表現有淡薄化的趨勢，逐漸形成的，乃是一種來自
西方社會，建立在個人主義與知能本位上的另一種倫理關係，稱爲專

業主義。以專業主義取代家族主義做為華人企業內人際關係的典範，也許不是唯一的發展途徑，但却代表一種可能的途徑。

為了探討這兩種倫理關係對於華人企業的影響，尚須加入另一層構面，那就是企業的成長階段。有關企業成長階段應如何劃分，學者間一般有不同的主張，包括有數目不同與標準各異的階段。但一般都同意，處於不同階段內的企業，所面臨的外在情境與所表現的策略、結構與決策風格各方面，也都存在有顯著的差異。因此探討上述兩種倫理關係對於華人企業的影響，也應針對企業的不同成長階段加以區分，無法一概而論。

本文中乃選擇華人企業的創業階段。一方面，乃鑑於華人在創業上所表現的蓬勃活力，有其文化與倫理上的根源。另一方面，創業問題近年來深受經濟與企管學者之重視，被認為是一國經濟活力之源泉，也是企業組織必須培育的創新能力。在本文中所感興趣的問題是，家族主義與專業主義各對於華人企業的創業有何不同的影響作用。

創業與創業行為

自表面意義而言，創業不過是新創一個事業或企業組織，但其背後所代表的，乃是人類一種發掘及利用機會之動機與能力；經由結合各種必須的資源條件以創造具有滿足需要之價值。創業與經營一既有的企業不同，因其涉及所從事的行為具有較高程度的創新性（innovativeness)、風險性（risk-taking）與前瞻性（proactiveness）。

　　由於創業行爲所具有的上述特性，使其深受文化與價值系統的影響。例如Hofstede即認爲，一國所表現的創業行爲與其個人主義－集團主義（individualism-collectivism）文化構面的影響。近年內，企業界所重視的內部創業（intraentrepreneurship），亦和一企業內的企業文化息息相關。以下將分別探討華人企業內之家族主義與可能興起的專業主義對於創業的影響。

華人企業與家族主義

　　儘管世界上不同國家的企業，一般都以家族所創設者爲多，但是華人企業與家族之關係顯得特別密切。譬如人們提及許多世界上知名的華人企業，往往不知道企業的正式名稱，而以某家族之創辦人之姓名稱之，例如台灣的王永慶、吳火獅、林挺生、陳茂榜；香港之李家誠、董浩雲、包玉剛；印尼之林紹良、黃亦聰、李文政；泰國之謝國民等等。我們再看到，這些企業中，一旦創辦人去世後所發生的兄弟或家族成員對於遺產的爭奪，往往犧牲了企業的利益而不顧，充分暴露出企業乃是家族財產的本質而非法律上所賦予的經營個體與永續經營的精神。

　　再深一層看，家族代表一個倫理系統，在這系統內人與人間的關係，自權力的分配，財產的歸屬，相處的禮儀等等，都有其一定的規

範。然而，企業做爲一經濟事業，同樣有其本身的規範。家族企業乃是將兩個系統重疊在一起，其間可能產生支持的關係，但是更多時候也存在著相互予盾和衝突的關係。這時，究竟以何者係爲優先，乃與一國文化與價值觀念也有密切關係。以華人企業而言基本上往往是家族關係居於優勢地位。

實際上，上述家族關係並不限於狹義的——建立在血統與婚姻基礎上的——家族成員之間。傳統上，對於華人影響深遠的倫理關係，例如五倫：君臣、父子、夫婦、兄弟、朋友，其間非家族關係的君臣和朋友，同樣也移自家族成員間的關係，我們可以從所謂「君父」、「臣子」、「朋友如手足」的說法，或是不具親屬關係者之間爲了表示關係之親密而投拜爲義子義女或乾兄弟之類行爲看來，在在顯示，在華人之間的倫理關係乃建立於——或準照——家族成員關係。換言之，華人在企業內成員間關係，在實際運作上，乃取決於彼此間形成何種家族成員關係，例如上司與下屬間乃比照父子關係，同僚間則比照兄弟或姐妹關係。人們往往以「公司爲家」表示其間關係之和諧與強烈之向心力，更直接反映家族關係在企業內所具有之支配地位。

華人家族主義之特色

傳統上，華人家族表現有以下特色：

第一，家長擁有極大的權威：所謂「天地君親師」中，親即指家

族中之男性家長。這種至高的權威乃建立在「孝」道之上。在「百善孝爲先」之倫理準則下，使得這種權威是全面的，而且是不可改變的。如果將華人的家長權威和日本相較：儘管日本家長的權威地位較之華人家族毫不遜色，甚或過之，但却具有功能性質。一旦家長宣佈退休，則他在家中的權威和地位也都相應調整，這和華人家長的權威和地位，不管表面上怎麼說，都將保持至去世那一天，是十分不同的。

第二，家族成員的核心圈子主要建立在血統關係之上；非血統關係者很難接受成爲「自己人」，即使改姓入贅的女婿的神主牌位生後仍不能被列入祠堂正廳。所謂「贅」者，代表「多餘的一塊肉」之意，使得華人家族是十分封閉的，這也和日本社會中的家族所具開放性有顯著的不同。在許多著名的日本家族企業中，其繼承者可以是女婿、養子，甚至是毫無血統關係的幹部。

第三，家族成員間的關係是十分綿密的：除了直系親屬外，即使較爲疏遠的親屬間也存在有特定的稱呼和關係模式，呈現出所謂的「差序格局」。這也和日本的家族關係不同；後者主要規範直系親屬而不及旁系。

第四，華人家族十分重視其香煙綿延，「絕子絕孫」乃是上天對於一個家族最嚴厲的懲罰；相應下，也就成爲「不孝有三，無後爲大」的價值觀。但是這種家族之「綿延」（perpetuation），主要也是指血統上有人承繼香火，而非指經濟性的財產。在華人家族的繼承制度下，財產乃是由諸子──或「房」爲單位──平均分配，即使是龐大家產，歷經兩三代分產的結果也會逐漸消失。相較之下，日本家族所採單子

財產繼承──一般是長子，但也可能是其他子嗣，甚至外人──的習俗，可以保持家業的綿延持久，也有極大不同。

就華人家族所發展的倫理關係而言，主要是建立在成員所具某些不可改變的身份上，例如輩份、出生序、性別等之上，這種關係是人性的（personalized），而且是不可改變的。將這種關係轉移至企業組織之內，所表現的，就是屬人性的忠誠；同時，人與人間的關係，一旦確立，往往不易改變，構成組織內關係調整上的僵化和困難。

創業能力的源泉

由於前此所述有關創業行為的特質，有賴極其強烈的動機力量的驅使，使得創業動力的來源成為學者研究之一重點。譬如威伯認為，由於基督教中卡爾文派之興起，財富被解釋為上帝對於順從其旨意的恩典，因此，創業致富乃是合乎上帝旨意的行為。麥克里蘭（McClelland）則認為，創業主要由於人們所擁有的成就動機（need for achievement）的驅使。還有社會學者發現，甚多冒險的創業者乃來自不幸的，或處於社會中弱勢地位的家庭或族群。至於經濟學者中，除熊彼得倡言，創業乃推動經濟發展的動力外，至於為何會產生創業行為，多歸功於種種經濟誘因的存在，例如儲蓄、利率與投資機會等等，不一而足。

就華人企業而言，創業者所表現的強烈動機，在甚大的程度內似

和家族有關，因爲華人特有的家族主義的特色，提供創業所需的許多
重要條件：

第一，「成家立業」的使命感：學者認爲，麥克里蘭所稱的成就動
機是建立在個人主義的前提上，對於華人而言，這種成就感乃以家族
──而非個人──爲單位，一人應努力追求「成家立業」以光大門楣，
這是一種「孝」的表現，也是一種對家族的使命。

第二，認眞執行的「紀律」：創業行爲需要果斷，迅速而徹底的執
行，在華人家長的權威下，他可以交付其他成員以某種任務，不必經
過冗長的討論和溝通，成員們也不敢掉以輕心，敷衍了事。這種紀律
乃建立在家族主義的倫理上，是十分徹底和有效的。

第三，支持彈性處理的「信任」關係：爲了因應創業過程中所可
能遭遇的許多意外和不確定狀況，個別成員必須當機立斷採取某些決
策和行動以免貽誤時機。這在官僚組織中，必須經過授權或核准等步
驟，然而在家族倫理關係中，由於所存在的信任，可以支持他省去這
些程序，即使有所損失，也可以獲得理解和支持。

第四，獲得必要之「社會資源」：在華人社會中，家族的地位和信
譽遠較一個人爲重要和具有意義。以家族的名義從事創業，較易獲得
外界的信任和所須的資源條件的支援。

由於華人獲得以上所稱各種家族或家族主義的支持，遂使華人無
論身處何地，都較有能力創立事業。不過，當華人企業脫離這一創業
階段，尤其到了第二代掌管以後，則家族主義的特質，許多不再是資
產，而變爲負債，這種情況，已經在台灣所發生的企業家變事件中表

露無異。由於這已超出本文所要討論的範圍，在此不談。

家族主義之沒落

一種文化不是一成不變的，因此華人傳統社會所流傳的家族主義及其對家族企業的影響，也不是一成不變的。

首先，隨著社會多元化的發展趨勢，人們的價值觀念和行為規範不再是「人同此心，心同此理」；個人主義在華人社會中愈見普遍，原有倫理規範的約束力量逐漸淡薄。過去那種大家庭制度，隨著工業化和城市化而解體，從外在儀典到內在心理，家族主義都失去其依據和支配力量。

其次，華人企業近年來也普遍走向國際化，不但其組織分處不同國家和社會，即使是總公司內，其員工往往分屬多種國籍和人種；譬如在某印尼華人企業內的中高層幹部有多達十九個國籍。在這種成員組成狀況下，根本不可能都接受華人的家族倫理那一套。

第三，今後的世界將自「工業社會」進入所謂的「知識社會」（knowledge society），企業中愈來愈多成員在性質上屬於「知識工作者」（knowledge workers）。他們擁有專才，須要有較大的獨立性和自主地位，一般較不受正式組織規章和職位的約束，亦不在乎工作與任務有關者以外的人際關係模式。一旦華人企業中原有的家族倫理關係逐漸淡薄化，失去其規範作用。在行為層次上，是否有待其他倫理關

係之取代呢？這是一個極饒趣味的問題。

專業主義的特色

在一現代化社會中，各種專業（profession）的重要性漸趨重要，成爲一種主要的制度結構。雖然這些專業所從事的業務性質有異，例如醫師、工程師、會計師、電腦程式設計師與專業管理人員等，但卻代表一些共同的精神，使從事此類業務者與從事一般職業者有異。傳統上，這些專業工作者屬於所謂的自由職業性質，但所代表的專業主義也表現於在企業內之工作人員身上。一般而言，專業主義有以下的特色：

第一：專業主義下之工作者價值與其擁有的權威來自個人的能力和條件上，此等能力與條件可利用於有效達成某些社會任務上。

第二：專業工作者之能力與條件乃來自個人的學習所獲，而且經過社會一定程序之認可；換言之，它們並非與生俱來或憑身份地位取得的。

第三：專業工作者所獲報酬之決定，乃基於其專業能力與達成專業任務上之貢獻；專業工作者不應一味追求報酬最大爲目標，但報酬與貢獻間應合乎「公平」（fairness）之原則。

第四：專業工作者對於專業之忠誠可與其對於工作之組織之忠誠分離，並且前者可能超越後者。

第五：專業工作者執行其業務所採取之活動，可與其個人生活分開，後者之隱私權應獲得尊重。

第六：專業工作者，為了獲得社會之信任與支持，必須遵守本身之專業倫理，考慮本身應負之社會責任而有所自律。

就上述專業主義所具有的特色而言，所表現的人際關係規範，顯然不同於家族主義下的人際關係規範的。換言之，此時，創業所賴之動機來源、紀律、信任以及社會資源取得之基礎等等，亦將有別於家族主義下之狀況。在此並非謂，家族主義已完全自社會中消失；事實上，在華人社會中，其對於人們之創業行為仍然存在相當普遍而重要的影響作用，而是企圖指出上述專業主義興起之事實及其對於創業所將產生之不同影響。

創業團隊與內部創業

有關專業主義與創業間的關係如何，似乎在文獻中尚少有直接之研究。然而就較間接之研究加以推論，似可擬以下的命題：

第一：專業人員之創業動機主要來自成就動機；更具體言之，他們希望能將所習得之專業知識予以實際應用以創造對於社會有用之價值。

第二：由於創業所須之專業知識是多方面的，僅憑個人的專長是難以成事的，因此有賴創業團隊（entrepreneurial team）共同努力。此

種團隊成員之選擇乃建立在互補之專長上，而非如家族成員之血統或輩份關係上。

第三：由於外界環境之重大改變，即使是已成立的成功企業亦有賴不斷創新才能生存，逐使組織內之創業成爲一種新的要求和潮流。一般而言，傳統的組織結構和程序──包括層級型（bureaucratic type）和家族型（familial type）──都不利於創業。在生存和競爭的壓力下，組織必須配合所謂「內部創業」（intraentrepreneurship）發生重大之調整。具體言之，組織必須更具彈性以容許專業者能配合創業機會形成適合之團隊；組織應提供足夠之誘因以鼓勵專業者從事創業。此種組織之管理，學者有稱之爲「創業性管理」（entrepreneurial management）以別於傳統之「行政性管理」（administrative management）。

結　語

如果對於企業組織的探討可分爲三個層次：技術層次、行政或管理層次、文化層次。本文所感興趣的，乃是屬於文化層次，或對於組織內成員之行爲產生作用之倫理關係。

就華人企業而言，傳統上，家族主義提供此種倫理關係之規範，有如一條河流之深層潮流。而華人之創業行爲，則有如此潮流表現於外的波濤起伏，此起彼落，呈現後浪推前浪之景象。但在時間之流轉下，此一家族主義之潮流已有削弱之趨勢，漸失去支配和推動之力量，

在這狀況下，專業主義則像另股新生之潮流注入，產生激盪或匯合現象。究竟合流後的潮流將發生什麼新的變化，對於華人企業具有何種基本的意義，我們目前所知有限，但似乎可以預作兩點結論：第一，它將使華人企業在文化層次上更具國際性，能夠適應其國際化之發展需要。第二，就創業而言，其背後的推動力量，產生環境條件以及行為模式等等，都將與家族主義下所產生者有顯著的差異。

參考文獻

Chen, Chi-nan, Fang, & Chia-tsu (1984). The Chinese kinship system in rural Taiwan. Ph.D. Dissertation, Yale University.

Chung, C.H., Shepard, J.M., & Dollinger M.J. (1989). Max Weber revisited: Some lessons from East Asia capitalistic development. *Asian Pacific Journal of Management*, V.6, N.2, 307-21.

Cochran, T.C.(1950). Entrepreneurial behavior and motivation. In *Exploration in Entrepreneurial History*, V.2, 304-7.

Cohen, M.L.(1970). Development process in the Chinese domestic group. In M. Freedman (ed.), *Family and kinship in Chinese society*. Stanford, CA.: Stanford University Press, 21-36.

Drucker, P.F.(1985). *Innovation and entrepreneurship : Practice and principles*. N.Y. Harper & Row.

Holland, P.G., & Boulton, W.R.(1984). Balancing the 'family' and the 'business' in family business. *Business Horizons*, 16-21.

Hsu, Paul S.C.(1984).The influence of family structure and values on business organizations in oriented cultures : A comparison of China and Japan. Proceedings of the academy of international business international meeting in Singapore, June 14-16, 754-68.

Hsu, Paul S.C. (1989). Entrepreneurial firms and economic development in Taiwan. A paper presented at the XIIth Annual conference and symposium on development. May 8-13, Taipei : Association of development financing institution in Asia and Pacific.

Kent, C.A.(1982). Entrepreneurship in economic development. In Kent, C.A., Sexton, D.L. & Vesper, K.H. (eds.), *Encyclopedia of entrepreneurship.* Englewood Cliffs, N.J. Prentice Hall, 237-56.

Levy, Jr., M.J.(1989).Confucianism and modernization; Metzger, T.A., Confucian culture and modernization : An overview of the issues. Both paper were presented at the conference on Confucianism and economic development in East Asia, May 29-31, Taipei : Chung Hua Institution for economic research.

McClelland, D.C.,(1961). *The achieving society.* Princeton, N.J.: Van Nostrand.

McClelland, D.C.,(1965). Need achievement and entrepreneurship : A longitudinal study. *Journal of Personality and Social psychology*, V.1,

389-92.

Pelzel, J.C. (1970). *Japanese kinship in Chinese society*. Stanford, C.A. : Stanford University Press, 227-48.

Redding, S.G. (1993). *The spirit of Chinese capitalism*, New York : Walter de Gruyter.

Schumpeter, J.A.(1965). Economic theory and entrepreneurial history. In Alken, G.J. (ed.), *Explorations in enterprise*. Cambridge : Havard University Press, 51.

Shiga, Shugo.(1978). Family property and the law of inheritance in traditional China. In *Chinese family law and social change* (ed.), by D.C. Buxbaum. Seattle : The University of Washington Press, 109-50.

Silan, R.H.(1976). *Leadership and values : The organization of large scale Taiwanese enterprise*. Cambridge, MA : Havard University Press.

Stevenson, H.H., & Jarrillo Mossi, J.C.(1986). Preserving entrepreneurship as companies grow. *Journal of Business Strategy*, V.7, N.1, 10-23.

Van de Ven, A.H., Hudson, H., & Schroeder, D.M.(1984). Designing new business startups : Entrepreneurial, organizational, and ecological consideration. *Journal of Management*, V.10,N.1,87-107.

Weber, M.(1968). *Economy and society*. N.Y. : Bedminister.

Weber, M.(1951). *The religion of China : Confucianism and Taoism*, translated and edited by Hans H. Gerth. Glencoe, Illinois : The Free Press.

Wilkin, P.H.(1979). *Entrepreneurship : A comparative and historical study*.

Norwood, N.J. : Ablex Publishing Co., p.280.

Wilson, R.W., & Pusey, A.W.(1982). Achievement motivation and small business relationship pattern in Chinese society. In Grecnblatt, S.L., Wilson, R.W.,Wilson, A.A. (eds.), *Social interaction in Chinese society*. N.Y.: Praeger,195-208.

Wong, Sui-lun.(1985).The Chinese family firm : A model. *The British Journal of Sociology*, V.36, 58-72.

家族化歷程、泛家族主義及組織管理

楊國樞

台灣大學心理學系暨研究所

中央研究院民族學研究所

〈摘要〉

　　本文的主要目的在探究中國人之家族主義、家族化歷程、泛家族主義及組織管理的關係。文中第一節分就認知、感情及意願三個層次，兼採概念分析與實徵分析的方法，討論中國人之家族主義的內涵，並探索認知內涵、感情內涵及意願內涵三者的關係。第二節則分析家族化歷程的心理涵義，認為此一歷程是一種複雜的刺激類化或概化（stimulus generalization），並強調中國人是經由刺激類化的途徑將家族的組織特徵、人際特徵、及行為特徵推廣到家族以外的團體。在此種理解基礎上，作者指出家族化歷程在三個主要方面的刺激類化現象，即（家族）組織型態的類化、角色關係的類化及心理行為的類化。其中組織型態的類化又涉及組織方式與運作方式兩方面，後一面又包括溝通方式、決策方式及（資源）分配方式三類特徵的類化。最後，第三節則指出中國人的家族主義係經由家族化歷程而變為泛家族主義，並進而探討泛家族主義與華人企業之組織管理的關係。

　　不同學者對管理的界定互有差異，作者個人是將管理視為一種複雜的社會互動歷程，在此歷程中管理者有系統地運用管理策略與方法，意圖使工作者表現高度的工作效率，創造充足的工作滿足。在管理的複雜活動中，人是運作的主體：管理者與工作者都是人，管理策略與方法是人的思想產物。

　　更進一步說，管理不僅是人的問題，而且是人的心理與行為的問題。就管理者而言，管理策略與方法的設計運用是心理及行為；就工作者而言，工

作效率與滿足的增進也是心理及行爲（楊國樞、黃光國、莊仲仁，1994）。

人格及社會心理學的知識告訴我們，凡是人類的複雜社會心理及行爲，大都

會受到社會文化因素的影響。事實上，比較管理學及跨文化心理學的研究

（如 Hwang, 1995; Laurent, 1983; Nevis, 1987），已經顯示了一項事實：管

理策略與方法的適宜性或有效性，常視管理者與工作者的社會文化背景而

定；易言之，何者爲最適宜或最有效的管理策略與方法，須視管理者與工作

者的社會文化背景而定。

　　然則，在華人社會（如台灣、香港、大陸）的華人機構中，中國人管理

中國人究應採取何種策略與方法最爲合適？針對此一問題，楊國樞等

（1984）曾提出如下的看法：若想有效探討這個問題，必須瞭解當前的中國

社會與中國人。但是，我們現在正處於快速變遷的現代化歷程中，現在的中

國社會旣不同於傳統的中國社會，也不同於歐美的工商社會；現在的中國

人旣不同於傳統的中國人，也不同於歐美的西方人。所以，全盤搬用西方人

的外國管理模式旣不合適，全盤保留中國人的傳統管理模式也難奏效。時至

今日，我們所迫切需要者是適合現代中國人的中國式管理方法（楊國樞等，

1984，頁3）。

　　換言之，當前的華人社會兼具中國傳統社會文化的特徵與現代工商社

會文化的特徵；當前華人社會的民衆（包括公私機構的管理者與工作者）也

兼具中國人的傳統心理及行爲特徵與中國人的現代心理及行爲特徵（楊國

樞，1996；Yang, 1988）。我們要想有效探討最適合當前華人之管理策略與

方法，則不但應瞭解當前華人的傳統文化、心理及行爲，而且應瞭解當前華

人新近習得之現代文化、心理及行爲。惟可能影響當前華人之組織運作與管

理方式的傳統與現代文化、心理及行為頗多，本文無法一一加以論述，只能選擇其中一組可能是影響最大最久的傳統文化、心理及行為——家族化歷程與泛家族主義，就其與組織管理的關係從事比較系統性的分析與討論。

一、中國人的家族主義

在傳統中國的農業社會裡，社會結構及運作的基本單位是家族而不是個人。在日常生活中，傳統中國人幾乎一切都是以家族為重，以個人為輕；以家族為主，以個人為從；以家族為先，以個人為後。更明白地說，是家族生存重於個人生存，家族榮辱重於個人榮辱，家族團結重於個人自主，家族目標重於個人目標（楊國樞，1993）。家族不但成為中國人之社會生活、經濟生活及文化生活的核心，甚至也成為政治生活的主導因素。長久浸潤在這樣的社會文化環境中，乃形成了傳統中國人強烈的家族主義或家庭主義（familism）。

過去已有眾多人文學及社會科學的學者（如王玉波，1988；李亦園，1988；李樹青，1982；雷海宗，1984；楊國樞，1993；楊懋春，1972；葉明華，1990；Cheng, 1944；C. F. Yang, 1988； K. S. Yang, 1995）一再強調家族主義對中國社會及中國人的重要性，並試圖剖析家族主義在中國人日常生活中的運作法則。但他們對何為家族主義的看法卻言人人殊，始終未能提出一套比較有系統的定義。為了澄清中國人之家族主義的涵義，葉明華與楊國樞（1994）曾就家族主義的定義及中國人之家族主義的內涵，從事有系統的概念分析與實徵研究。葉楊二氏從人格及社會心理學的觀點，將家族主義作如下的界定：家族主義是一套在經濟的、社會的及文化的生活中以自己家族為重心的

特殊心理內涵與行為傾向，此等內涵與傾向主要包含認知（或信念）、感情及意願三大方面之穩定且相互關聯的態度、思想、情感、動機、價值觀念、及行為傾向。家族主義所包含的心理特徵頗為複雜，可能不是一個單向度的心理構念（psychological construct），而是一種多向度的心理組合（psychological syndrome）。

然則，中國人之家族主義的心理組合中，究竟可能包含哪些心理向度（dimension）或心理成分？為了回答這一問題，葉楊二氏特根據以往文獻中的有關研究與論述，以及他們日常生活中的長期觀察與體認，針對中國人的家族主義在認知、感情及意願三方面所應包含的心理向度或成分，從事了一次系統性的概念分析（conceptual analysis）。分析的結果見**圖一**。由此圖可知，中國人之家族主義的認知或信念成分主要者應有五，即對家族延續、家族和諧、家族團結、家族富強及家族名譽的重視；其感情成分主要者應有六，即一體感、歸屬感、關愛感、榮辱感、責任感及安全感；其意願成分主要者應有七，即繁衍子孫、相互依賴、忍耐抑制、謙讓順同、為家奮鬥、上下差序及內外有別。中國人之家族主義的五個認知成分，所說的是中國人日常生活中在信念上對自己家族的生存發展所特別重視的事項；六個感情成分所說的是中國人日常生活中在感情上對自己的家族與家人所最常懷有的感受；七個意願成分所說的是中國人日常生活中在意願上對自己的家族及家人所最想去做（但尚未做）的行為。從以上的分析可知，此處所界定的家族主義主要是指行為之前的一套比較穩定的心理組織或結構，並不包括正在或已經做出來的有關行為本身。也就是說，我們

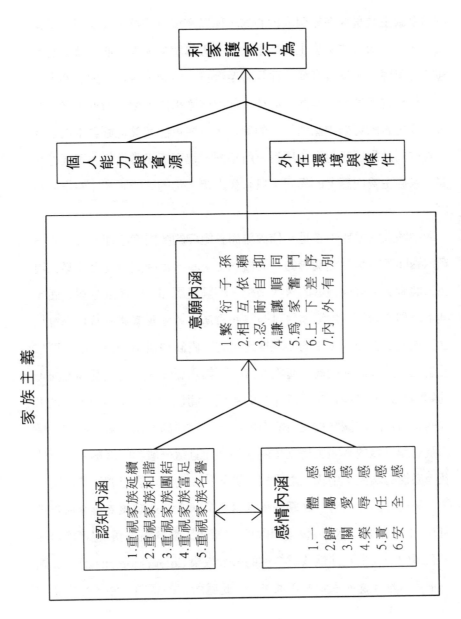

圖一　中國人之家族主義的內涵及相關因素

認為家族主義是存在於個人內心的一種以家為重的持久性思想、感情及意願，中國人的家族主義則是指大多數傳統中國人內心所持有的此種特殊思想、感情及意願，而且時至今日，台灣、香港及大陸的中國人仍然相當程度地保有此種心理。此處亦應指出，**圖一**所列出之中國人家族主義的每類內涵所包含的項目，有些可能與其他社會中之家族主義的同類內涵所包含的項目有所不同，也可能相當近似。不同社會間在家族主義內涵上的異同，只有經由跨文化的比較研究才能得而知之。

中國人的家族主義是一種複雜而有組織的多向度心理組合，其各類內涵間應該是互相關聯的。從概念上來看，這種關聯性至少應表現在三個層次。首就最低的層次來說，不論是認知、感情或意願方面，其下所列舉的每一內涵項目（*如認知內涵中的重視家族延續*）都會包含數項或多項範圍更小的心理單元，同一內涵項目中的各較小心理單元是互相關聯的。就高一層次而言，不論是認知、感情或意願方面，同類內涵（*如認知內涵*）所包含的各項目間也是互相關聯的，只是不同內涵項目間的關聯程度可能有所不同。就最高層次而言，認知、感情及意願三類內涵間也是互相關聯的，而且這一層次的關聯性可能涉及因果性的關係：中國人之家族主義的認知內涵可能影響感情內涵，後者又可能影響前者（*在圖一中是以雙箭頭表示此種相互影響的因果關係*）；認知與情感兩類內涵可能各自單獨影響意願內涵，也可能合而對意願內涵產生互涉性或配合性的影響效果（interaction effect）（*在圖一中是以聚合箭頭表示此等效果*）。 此處所說的意願內涵，是指意欲

或願意對家族及家人做些什麼類別的有利於家族及家人的行為。家族
主義的意願內涵是最接近有關行為的內心因素，此種因素與個人能力
與資源及外在環境與條件相配合，即可決定是否會做出有利於家族及
家人的行為，以及所做出之有關行為的情形或程度。

　　以上是就中國人之家族主義所作的概念分析，這種分析有助於我
們理解中國人之家族主義的性質與內涵。但是，根據有關文獻及生活
經驗所做的概念分析，只是一種理解家族主義的途徑，除此之外，葉
楊二氏還進而就中國人的家族主義從事了實徵分析（empirical analy-
sis）。他們根據圖一中所列舉之中國人家族主義的認知與意願兩方面
的內涵範圍，撰寫了大量的利克特式（Likert type）的題目，並以最後
精選的題目編成量表，施測一千多位台灣的大學生及將近四百位社會
成人。經因素分析法（factor analysis）分析所得的施測結果，發現了三
個主要因素，即「團結和諧」、「繁衍家族」、及「興盛家道」。他們認
為這三大因素不僅是中國人之家族主義的認知因素，而且也是意願因
素，只是在心理性質上有所不同：作為認知因素，中國人在信念上特
別強調（家族的）團結和諧、繁衍家族及興盛家道的重要性；作為意
願因素，中國人在意志上特別願意去做團結和諧、繁衍家族及興盛家
道等方面有利於家族與家人的行為。至於圖一中所列舉之中國人家族
主義的感情內涵，葉楊二氏亦曾據以撰寫多項評定量尺（rating
scale），並以之施測相同的大學生及成人樣本。經以因素分析法分析
後，發現只有一個主要因素，且此因素在所有六項感情內涵上皆有頗
高之因素負荷量（factor loading）。此一突出而複雜的感情因素，可以

稱爲「顧家戀家感」（簡稱「顧家感」）。

在概念分析中，我們曾將家族主義（包括中國人的家族主義）界定爲一種複雜的心理組合，且認爲此種心理組合之內涵的關聯性可能存在於三個層次：(1)同一方面（如認知方面）之同一內涵項目（如重視家族延續）的各較小心理單元互有關聯；(2)同一方面之內涵項目（如認知方面有五個內涵項目）間互有關聯；(3)認知、感情及意願間三者互有關聯。葉楊二氏的實徵分析顯示中國人之家族主義的上述三層關聯都是存在的。他們以因素分析法所抽得的每個因素（相當於內涵項目），都是由互成顯著相關的題目（分別衡鑑範圍較小的不同心理單元）所組成，確保了第(1)個層次的關聯性。

實徵分析所獲得的各因素相當於概念分析中的內涵項目，只是數目與內容上都已有所不同：在認知內涵方面，概念分析中的「重視家族和諧」與「重視家族團結」二者合而成爲實徵分析中的「重視團結和諧」，「重視家族延續」相當於「重視繁衍家族」，「重視家族富足」與「重視家族名譽」二者合而成爲「重視興盛家道」；在意願內涵方面，概念分析中的「相互依賴」、「忍耐抑制」、「謙讓順同」及「上下有序」合而成爲「團結和諧」，「繁衍子孫」相當於「繁衍家族」，「爲家奮鬥」與「內外有別」合而成爲「興盛家道」；在感情內涵方面，概念分析中的「一體感」、「歸屬感」、「關愛感」、「榮辱感」、「責任感」及「安全感」六者合而成爲實徵分析中的「顧家感」。進一步的實徵分析顯示三個認知內涵因素互成相當程度的正相關，三個意願內涵因素亦互成相當程度的正相關；感情內涵只有一個結合緊密的大因素，涵

蓋了概念分析所認定的所有六個感情項目，顯示該六內涵項目間互有
頗高的正相關。以上的研究結果證實了中國人家族主義之第(2)個層次
的關聯性。至於第(3)個層次的關聯性，亦可自葉楊二氏的實徵研究結
果獲知。他們的研究發現：認知內涵的三個因素與意願內涵的對應因
素之間皆成中高度的正相關，非對應因素之間亦有中低度的正相關；
感情內涵的因素（只有一個因素，即「顧家感」）與認知及意願兩方面
的內涵因素皆成中低度的正相關。

　　從葉楊二氏的概念分析與實徵分析可知，中國人的家族主義確實
是一套由相互關聯的複雜內涵組合而成的心理結構。經由這些系統性
的分析，我們當能對中國人之家族主義的性質與內涵有一比較完整的
理解。有了這樣的理解，乃可進而探討家族主義在中國人之日常生活
中的影響，以對中國人的組織生活能有更深入的體認。為了進而分析
家族主義在家族以外之組織生活中的影響，作者將在下文中討論兩個
密切關聯的問題：(1)以自己的家族與家人為對象的家族主義如何推
廣到家族以外的社會組織(特別是企業組織)？(2)家族主義概化到非家
族組織後所形成之泛家族主義的運作情形如何？這兩個問題將分別在
下文第二、三兩節中加以討論。

二、中國人的家族化歷程

　　中國人的家族主義可以說是中國人之家族生活經驗的主要綜合性

心理結晶。它是一套複雜的心理組合或結構，其中包含了以家爲重的基本知情意內涵，也包含了有關家人關係、家族組織及其運作原則的基本知識與體認。從認知心理學的觀點看，中國人之家族主義中的認知內涵與知識體系，可以說是一套複雜而有組織的基模（schemata）（Bartlett, 1932； Rumelhart, 1975）；但從更廣的觀點來看，中國人的家族主義可以說是一套複雜的架構（frame）（Baterson, 1955； Goffman, 1974）。這一多數中國人所共同懷有的心理架構，不僅是中國人之以往家族生活經驗的總結成果，而且是中國人詮釋、理解及組構新的家族生活經驗的基本依據。家族主義雖是個人所持有一種特殊心理結構，但因眾多中國人都持有相同或類似的家族主義，所以對中國人而言它也是一類重要的文化特徵。

　　在傳統農業社會中，絕大多數中國人的一生都是在家庭中度過，他們從小受到嚴苛而特殊的家族教化訓練，獲得強烈而持久的家族生活經驗，終於養成堅韌而固執的家族主義。在傳統社會內，中國人的組織生活只有家族生活，家族生活所獲得的經驗常是中國人唯一的主要組織生活經驗，來自家族生活的家族主義乃成爲中國人詮釋、理解及組構一切組織生活（包括家族以外的組織生活）的基本依據。在此情形下，中國人將家族主義從家族生活推廣到家族以外的組織生活，當然是一種很自然的事。此一推廣現象，可以稱爲「家族化」或「家庭化」（familization）歷程。

　　早在一九七一年，楊國樞（1971）即已提出「家族化傾向」（tendency to familize）的概念，將之界定爲「一種將家庭以外的團體與關係予以

家庭化的習慣」（頁108）。他認爲中國人此一傾向的主要特徵是將家庭組織視爲其他團體之組織的典範（即在組織上應仿效家庭），並將家庭中的人際關係與倫理類化（generalize）到其他的社會情境或團體（如行號、社團、郡縣、國家、天下等）。此後，楊氏（1981，1988，1993；Yang, 1995）曾一再強調此一概念，並在一九九三年的論文中提出比較進一步的說明。他在此文中不但指出家族化或家庭化歷程亦即泛家族化或泛家庭化歷程，而且還就家族主義、家族化（或泛家族化）歷程、及泛家族主義的關係作了簡要的釐清：

> 在家族中的生活經驗與習慣常是中國人唯一的一套團體或組織生活的經驗與習慣，因而在參與家族以外的團體或組織活動時，他們自然而然地將家族中的結構型態、關係模式及處事方式推廣、概化或帶入這些非家族性的團體或組織。也就是說，在家族以外的團體或組織中，中國人會比照家族主義的取向而進行。這種延展到家族以外之團體或組織的家族主義或家族取向，可以稱爲「泛家族主義」或「泛家族取向」。（楊國樞，1993，頁95）

尤有進者，爲了更確切地瞭解家族化歷程，楊氏還進而從三個層次來說明此一歷程所涵蓋的重點：

> 更具體地說，中國人之泛家族化歷程主要是表現在三個層次：(1)將家族的結構型態與運作原則，概化到家族以外的團體或組織；亦即，比照家族的結構形式來組織非家族團體，並依據家族的社會邏輯（如長幼有序）來運作。(2)將家

族中的倫理關係或角色關係，概化到家族以外的團體或組織；亦即，將非家族性團體內的成員予以家人化，成員間的關係比照家族內的情形而加以人倫化。(3)將家族生活中所學得的處事爲人的觀念、態度及行爲，概化到家族以外的團體或組織；亦即，在非家族性團體或組織內，將家族生活的經驗與行爲（第(1)、(2)兩類以外者），不加修改或稍加修改即予採用。(楊國樞，1993，頁95)

楊氏所指出的中國人之家族化歷程的這三大重點，可以說是中國人之家族化歷程的三大次級歷程。這三大次級歷程雖可涵蓋家族化歷程的主要範疇，但他所作的說明過於簡略，尚難窺見其中所涉及的豐富內容及涵義。爲了能更深入地瞭解中國人之家族化歷程，理應分就三大次級歷程從事更進一步的敍述。不過，在進行此種敍述之前，必須先就家族化歷程所涉及的基本心理歷程加以探討。二十幾年前，楊氏（1971）首次指出家族化現象的主要特徵是「將家庭中的人際關係與倫理關係概化(generalize)到其他的社會情境或團體之中」(頁109)，但却並未對概化、衍化或類化（generalization）究何所指有所說明。他在此後提及家族化歷程的論文（楊國樞，1988，1993；Yang, 1995）中，亦未對類化的涵義加以分析。此處則要指出，過去楊氏所說的類化是指學習心理學中的刺激類化（stimulus generalization），而非反應類化（response generalization）。刺激類化是一種心理歷程，在此歷程中個人學會對某一情境或刺激（S_o）做出某一行爲或反應後，不必再經學習或練習，即可直接對類似的其他情境或刺激（S_a）做出同樣的行爲或反

應——S_a與S_o的相似程度愈大，則對S_a做出同樣行為或反應的傾向愈大。反應類化也是一種心理歷程，在此歷程中個人學會對某一情境或刺激做出某一行為或反應（R_o）後，不必再經學習或練習，即可直接對此情境或刺激做出類似的其他行為或反應（R_a）——R_a與R_o的相似程度愈大，則對此情境或刺激做出R_a的傾向愈大。基本上，家族化歷程是一種刺激類化歷程：家族及家族生活中的某種特徵或情境是S_o，非家族性團體或組織（如古代的私塾、詩社、行號、會館、村莊、鄉黨、國家、天下，現在的學校、社團、公司、機關）及組織生活中的類似特徵或情境是S_a，個人從小經由家族教化或其他家族生活經驗養成對S_o做出某種（認知的、感情的或意願的）行為或反應的強烈習慣，日後進入非家族性的組織或團體中即會對S_a做出該種行為或反應。楊氏在界定中國人之家族化歷程時所說的類化，便是指這樣一種實質的心理歷程。當然，家族化歷程中的 S_o、S_a及行為，其複雜程度遠較學習心理學實驗中通常研究的S_o、S_a及反應為大。

從以上的分析可知：中國人的家族化歷程主要是一種刺激類化歷程。在家族化歷程中，刺激類化主要是發生在三個層次，即組織型態的類化、角色關係的類化、及心理行為的類化。以下將分別說明這三種類化現象，以便更具體地理解中國人的家族化歷程。

㈠組織型態的刺激類化

此種類化歷程是將家族的組織原則與結構型態推衍到家族以外的社會團體，依據或比照家族的整體組織與結構來塑造非家族性團體，

使後者在整體組織及運作上類似家族。在此過程中，家族式的組織原則是一類可以從家族直接推及到家族以外之團體的心理與行為，而家族式的結構型態則是此類心理與行為所造成的結果。大體而言，組織型態的類化可能涉及組織方式與運作方式兩個相互關聯的層面，特先簡單說明。

1.**中國家族的組織方式**：過去很多學者（如文崇一，1972；馮爾康等，1994；錢杭，1994；Lin, 1988）有一共識，即在傳統中國社會裡家中的整體組織基本上是階序式的。在此家族的階序結構中，所有的家人都依輩份、年齡及性別排列上下尊卑，組成一垂直式的地位系統。在傳統中國家族中，幾乎沒有兩個家人的位階是相同的，其間必須分出上下高低；也就是說，所有的家人都可排成一個幾乎並無兩人（或數人）佔據同一位置的垂直線型組織體系。這充份顯示傳統中國家族的主要組織原則是獨重家人地位的垂直排列（vertical arrangement）而特輕家人地位的水平排列（horizontal arrangement）。在家族化歷程中，組織型態的類化一旦發生，中國人就會將此種嚴格的垂直排列方式推廣到家族以外的團體，以類似家族的型態來塑造後者，使後者相當程度地表現出類似家族的垂直組織型態。

2.**中國家族的運作方式**：在傳統中國家族中，支配家人社會活動的主要是權力運作。在階序式的組織網絡中，在上位者的權力要比在下位者大。在階序頂峰的是身為家長的父親，其權力最大；在階序底端的是輩分最小的女性，其權力最小。在傳統中國家族中，家長與後輩女性之間的權力距離（power distance）（Hofstede, 1984）甚大。在此

權力排列中，男性家長居於統治家族的地位，在家中擁有至高無上的權威。自秦漢以來，此種父權家長制即成爲中國家族的主要運作原則，而且經由類化的歷程，它也成爲中國社會的主要運作基礎（王玉波，1988；馮天瑜等，1990）。在父系家長制的傳統下，中國家族是以代代相傳的父子關係爲主軸而運作的（Hsu, 1971），因而可以稱爲父子軸的家族（楊國樞，1992a）。在此種家族中，父子關係的特性瀰漫了整個家族，影響了所有其他的家人關係（如夫妻關係、父女關係、母女關係、兄弟關係、姊妹關係等）（Hsu, 1971）。

　　家族中的權力包括了資訊提供、事務決策、及資源分配，家族的權力運作也以這三方面爲主。這三方面的權力運作分別形成了三種相互關聯的方式，即溝通方式、決策方式、及分配方式。在傳統中國家族的階序式地位結構中，這三種權力運作方式，也都是階序式的。

　　在溝通方式方面，在傳統家族結構中，家長不但是各方資訊的主要接觸者，而且是資訊運用的壟斷者。對內他身爲家長，有權力隨時瞭解與掌握家族內有關家產、家人及家務的情形；對外他代表家族，有機會與外界打交道，從而知道其他家人所不知的事情。家長坐擁眾多資訊，却不一定告訴家人，而且爲了避免多事及維護自己的尊嚴與權威，常是不願輕易釋放資訊。儘量不讓家人獲得資訊以瞭解眞象，可能有助於對家人的操縱與控制，可以說是一種家族式的「愚民政策」。尤有進者，家長將何種資訊告知那個家人，也常是高度選擇性的，而非系統性或制度性的，甚至有時是藉以表達對某些家人的偏愛或偏私。

家長為了傳達資訊或告知決定（也是一種資訊）所做的溝通常是單方向的，而且是突如其來的。即使是為解決問題所做的溝通，家長也是採取一種上對下的權威方式。家族內長輩間的溝通常是面對面的，而且是私密的，但如雙方已心存芥蒂或有所不便，則會採取間接的方式，由一位適當的中間人代勞。家長對自己的配偶及自己一房的子輩常採直接溝通的方式，對己房女輩及他房女眷與晚輩則常採間接溝通的方式。從表面看來，中國家族的溝通方式似無系統或制度，但在實際運作中却有一套細緻的社會邏輯與法則。

在決策方式方面，在傳統家族中，家長以其無上權威，通常是家族事務的最後決策者。家長做決定之前，並非有系統地徵詢全體家人的意見。為了表現自己的能力，維護自己的尊嚴，發揮自己的權威，對於一般家務，家長常是獨自做決定，未必認真徵詢家人的意見。遭遇棘手的問題，在做決定之前，可能會與少數家人個別商議，但也只限於家中部分長輩，而且以男性者為主。必要時，家長亦會私下就教於家族以外的好友或當地知書達禮的明智之士。只有當分家或家族危急存亡之時，家長才會召集家中全體主要成員，共商大事或大計。總之，家族決策全由家長主導，何人可參與其事，以何方式參與，參與程度如何，皆由家長視需要自行判斷。

在分配方式方面，亦是以家長為主導，所分配者為家族資源。林南（Lin, 1988）認為中國家族的資源有兩種，一種是權威（authority），包括主宰家族與統制家人；一種是家產，包括家族所共有之動產與不動產。在家族之內，最大最多的權威常為家長所獨享，其他家人中只

有輩份高於或同於家長的男性才能分享到部分權威，其他家人（尤其
是晚輩與女性）則不會有何權威。在孝道的約制下，不但家長之父可
以獲得相當的權威，家長之母也會獲得部分的權威。至於家產，名義
上雖爲全體家人所共有，但實際上則由家長全權控制與管理。中國傳
統農業社會中這種未分家前家人共有家產的型態，李樹青（1982）稱
爲「家庭共產」（亦可稱「家族共產」），田昌五（1992）並將實行這種
家人共產的家族稱爲「家族公社」。家產雖爲家人所共有，但平時大家
並未實際分得家產，而只是以家產共有者的身份從家中取得食衣住行
所需求的基本資源。家產名義上雖爲全體家人所共有，但各人所佔的
比重則因性別與輩分而有很大的差異。以性別爲例，男性在家產上的
分配權遠大於女性。女性通常只能在出嫁時以嫁粧的方式獲得少部分
家產。這種男女不平等的情形，在分家時看得特別清楚——基本上以
諸子均分家產爲原則。

　　溝通方式、決策方式及分配方式三者，構成了家族的領導方式。
在此等方式中，居於最高地位的家長，以其在家族內至高無上的權威，
領導全家共同努力，以達到團結和諧、繁衍家族、及興盛家道的目的。
在家族的運作方式中，家長所扮演的是一個威嚴的（甚至不苟言笑的）
權威，他的領導重點基本上是目標取向的及工作取向的，對家族成員
的情緒問題與人際問題常是忽略的或不重視的。情緒與人際問題的處
理及有關家人的安撫，通常由家長的妻子擔負。家長夫妻的這種領導
上的分工，是很多家長所鼓勵的。這種分工合作的領導型態，可以說
是「嚴父慈母」模式的實現與擴散。

在父權高漲的中國家族中，妻子所扮演的安撫性及體恤性角色，還是爲了協助家長能順利領導家人，以維護家長的權威與尊嚴。

以上已分就傳統中國家族的組織型態與運作方式（又再分爲溝通方式、決策方式及分配方式）作了具體的說明。在家族化的刺激類化歷程中，中國人至少部分地會比照中國家族在組織型態與運作方式兩方面的若干特徵，來塑造家族以外之團體的組織型態與運作方式。此一歷程完成後，非家族團體在組織型態與運作方式上會某種程度地類似家族。

㈡角色關係的刺激類化

經由此種類化歷程，中國人將家族中的主要角色關係與角色行爲推衍到家族以外的團體，使非家族團體內的人際關係及行爲相當程度地類似家族內的角色關係。

在傳統中國家族內，最可能推廣到非家族團體的角色關係應該是五倫內的家人關係，即父子關係（含父女關係）、兄弟關係（含其他同胞關係）、及夫妻關係。傳統中國人特別重視五倫，尤其是家中的三倫。在這些人倫關係中，每個人在家族中自小即受到嚴格的訓練，因而在關係的形式上非常穩固，在內容上非常確定。更進一步說，每種角色關係都有相當清楚而具體的角色行爲，包括了何者該做，何者不該做。對一般傳統中國人而言，人生的主要任務便是扮演好家族內各種關係中的人倫角色。

在傳統家族的階序組織內，父子、兄弟及夫妻這三種角色關係中

兩造的地位都是不平等的——父高於子（女），兄（姊）高於弟（妹），夫高於妻。依據許烺光（Hsu, 1971）的理論，中國家族中最主要的家人關係是父子關係，亦即此一關係是中國家族的主軸。許氏認爲父子關係有四大屬性，即權威性、連續性、包容性及諱性性（asexuality）。他認爲在中國家族中父子關係具有高度的支配力，此一關係的屬性足以影響其他的家人關係，甚至使其他家人關係成爲父子關係的附屬關係。父子關係的首要屬性是權威性。爲父者（特別是身爲家長者）對自己的兒子有絕對的權威，在古時有些朝代甚至可以殺死兒子而不算犯法（王玉波，1988）。個人在家族中從小受到父親的權威性的敎化與管制，自然會形成一種對父親的強烈依賴與畏懼。對身爲權威的父親的強烈依賴與畏懼，常使兒子表現出兩種顯而易見的反應：(1)面對父親時，兒子會產生一種暫時性的心理無能（psychological disablity）的徵候，進入突發性之心思遲滯與行動拙笨的狀態；(2)面對父親時，兒子會顯露出無條件順從與敬服的反應（楊國樞，1993）。尤有進者，自小與父親這一原始權威長久相處的經驗，在兒子腦海中形成了權威父親的形象，也就是權威父親的基模（schema）。此一基模乃成爲中國人心目中一切權威的原型（prototype）。此外，自小與權威父親相處的複雜的經驗中，有些是正面的（如受到父親的照顧與保護），有些則是負面的（如受到父親的責罰與打罵）。正面的經驗會導致正面的情緒，負面的經驗會導致負面的情緒。經由古典制約化或條件化（classical conditioning）的學習歷程，兒子會對父親同時懷有正面的與負面的感情（楊國樞、葉光輝、黃曬莉，1989），這也就是Freud（1917）所說的矛盾感

情（ambivalent feeling）。

　　至於家族中的兄弟關係，所強調的主要是兄友弟恭，兄愛弟敬，及兄良弟悌；也就是說，兄對弟要友善、愛護及良好，弟對兄要恭謹、敬重及善事。從這些角色行為可以看出，兄與弟的地位不是平等的，而是兄高弟低。事實上，在傳統中國社會中，哥哥固然有責任要善待與保護弟弟，但前者也有責任及權力管教後者。

　　上文已簡述了中國家族中父子關係與兄弟關係的性質及其角色行為。有關父子關係的敘述亦適用於父女關係，有關兄弟關係的敘述亦適用於姊妹關係。在家族化的刺激類化歷程中，父子（女）關係與兄弟姊妹關係是較易推衍到家族以外之團體的兩類角色關係。非家族團體因無相當於婚姻型態的結構特徵，夫妻關係自不易產生刺激類化現象。此處應該指出，所謂家族中角色關係的類化，主要是指每種關係之角色行為的推衍。

㈢心理行為的刺激類化

　　廣義言之，任何將家族之內所形成的心理及行為推廣到家族以外之團體的情形，都可稱為心理行為的類化。實際上，家族的組織型態與角色關係各有其相應的或密切關聯的心理及行為（如相應的認知基模、概念原型及其他思想觀念）。這些相應性的心理及行為是個人在家族的特殊組織結構與角色關係中長久生活所形成的，但一旦形成後，又成為組織型態與角色關係進一步穩固、演進及運作的基礎。在家族化歷程中，家族的組織型態與角色關係之所以能推廣到他類團體，主

要是依靠這些相應性的心理及行為的類化。此類心理及行為推衍到其他團體之後，當事人即會據以在此等團體中建構類似家族的組織型態及角色關係。

除了相應性的心理及行為，還有很多在家族中形成的心理及行為是可以類化的，此處所說的心理與行為的類化。主要是指此等與家族型態及角色關係直接關聯較少的心理及行為的類化。惟此等心理及行為為數眾多，而且涵蓋的範圍頗廣，涉及了思維方式、價值觀念、感情動機、及行為模式，此處無法一一列舉，僅能選擇其中數項略加敘述，以為其例。

1.**家族主義的認知信念**：在家族中所形成之家族主義的認知內涵（見**圖一**），諸如對家族延續、和諧、團結、富足及名譽的重視，所涉及的種種思想理念及價值觀念。

2.**家族主義的情感情緒**：家族主義的感情內涵（見**圖一**），諸如以家族為核心之如下的情感及情緒：一體感、歸屬感、關愛感、榮辱感、責任感及安全感。

3.**家族主義的行為意願**：家族主義的意願內涵（見**圖一**），諸如從事如下之利家護家行為的意願：相互依賴、忍耐自抑、謙讓順同、為家奮鬥、及內外有別（即自家人與外人之別）。

4.**關係取向的心理與行為**：中國人向有強列的關係取向（何友暉、陳淑娟、趙志裕，1991；楊國樞，1993；Yang, 1995），在此取向中關係成為人際互動與社會行為的主要考慮因素。中國人之關係取向的首要內涵是關係決定論（楊國樞，1993；Yang, 1995）：在社會互動中，

自己與對方的關係的種類與親疏決定了如何對待對方及其他相關事項。關係決定論最突出的特徵是特殊主義（particularism），也就是一種例外主義或特權主義。對中國人而言，持有特殊主義心態的人，會認為規範、標準、章則或法律只適用於一般情形，必要時可以有所例外，可以靈活運用，而判斷是否「必要」的依據，主要是關係的種類與親疏。如果對方是自己人（特別是家人），便可視為例外，在規章之外給予有利的特殊待遇。以家人為對象的特殊主義，實即一種偏袒或重用親屬的傾向（nepotism）。中國人的關係取向（特別是關係決定論）的心理及行為，基本上是源自家族，也以家族中表現最為明確。

　　家族生活中所形成之類似心理及行為頗多，在家族化的歷程中，這些心理及行為都可能經由刺激類化的歷程推廣到家族以外的團體生活，而使個人在非家族組織中表現出很多類似家族中的心理及行為。

　　到此為止，本節已分就組織型態的類化、角色關係的類化、及心理行為的類化三方面，扼要說明了在家族化歷程中個人經由刺激類化可能從家族推廣到非家族團體的主要思想觀念、行為模式、角色關係、及組織型態。此等家族心理與行為及運作型態與方式，一旦推廣到某種非家族團體，即會在後者中形成一套具有家族色彩的組織心理、組織行為、及組織運作方式。在家族化歷程中，從家族推衍而出的主要是家族主義的內涵，以及有利於家族主義之形成的家族組織型態及角色關係，因而在非家族團體中所形成之具有家族色彩的整套組織心理、組織行為、及組織運作方式，可以稱為「泛家族主義」。簡單地說，經由家族化（或稱泛家族化）歷程將家族主義「移植」到家外團體而

形成的擬似家族主義，便是泛家族主義。也就是說，泛家族主義是一種移植性的家族主義。經由家族化歷程形成泛家族主義的家外團體，可以稱爲「家族化團體」。

家外團體中的泛家族主義雖是透過刺激類化歷程而自然形成，但一旦形成，却有其重要的適應功能。傳統中國人是生活在農業社會中，而農業社會的教化或社會化歷程常是嚴苛的（Barry *et al.*, 1959）。自幼生活在農業社會的家族，經過長期的嚴苛教化，中國人養成了一套適應家族生活的強固而穩定的方式。非家族團體的組織型態、運作方式及角色關係等，如能與家族所具有者相似，則個人在家外團體中便可輕而易舉地直接採用在家族中業已運用嫻熟的適應方式，而不必重新學習。也就是說，泛家族主義在家外團體的形成，可以避免從頭學習一套新的適應方式的困難。此處亦應指出，在家外團體中採用家族中所習用的適應方式，也是要靠刺激類化歷程。於是，我們可以區分出家族化歷程的兩個階段。在第一個階段中，家族與家外團體本有的相同或相似屬性使個人將家族主義推衍到家外團體，使後類團體具有類似家族的某些屬性；在第二階段中，已家族化的家外團體所具有之類似家族的屬性，使個人將家族生活的適應方式推衍到此等團體（見圖二）。個人所加入之家外團體如已由前人加以家族化，則不必親自經歷第一階段，即可直接進入第二階段。創新的團體者都須經歷兩個階段，加入舊團體者則只是經歷第二階段。

此處亦應再次強調：中國人在家族以外的團體中表現出泛家族主義的心理及行爲，係經由家族化歷程而後可能，而家族化則是一種實

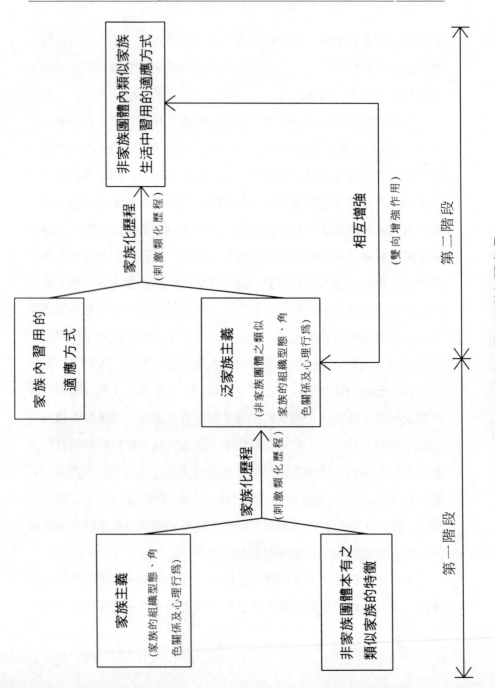

圖二　兩階段的家族化歷程及其相關事項

質的學習心理歷程——刺激類化。過去有些學者認爲中國人在家外團體（如企業團體）中之所以表現出若干類似家族的組織心理及行爲，可以用隱喻（metaphor）的概念來加以理解。從本節所強調的上述觀點來看，這種乞靈於隱喻的解釋方式是不妥當的。例如，鄭伯壎（1993）曾指出：「台灣的本土企業雖然經過了幾十年的成長與蛻變，但仍帶有濃厚的『家庭』色彩，以家庭來說明本土企業是相當恰當的」。（頁257）。他又根據企業個案的分析說：台灣企業組織的主管與部屬間之微妙而特殊的互動關係，「像極了中國家庭中的權威家長與成員間的互動關係，因此，可以用『家長權威與晚輩順服』這樣一個隱喻來說明本土企業中的領導現象」（頁257）。西方學者也常用隱喻來瞭解團體組織，只是他們比較喜歡將組織比喻爲有機體、機器或電腦等（Alvesson, 1993; Krefting & Frost, 1985; Scott, 1987），而不會將組織比擬成家族或家庭。隱喻的眞髓是從一種事物的特性去瞭解與經驗另一種事物（Lakoff & Johnson, 1980）。隱喻的使用瀰漫了日常生活，不僅見之於語言也見之於人的思想與行動（Lakoff & Johnson, 1980）。學者將家族（或家庭）以外的團體比擬成家族（或家庭），或將團體主管或首領與部屬的關係比擬成權威家長與子女的關係，主要是屬於思想、概念或理念的層次。提出此種隱喻理念的研究者，只是強調家族及其內部運作與非家族團體及其內部運作之間的某些對應性或相似性，而完全忽略了兩類組織間在相似性特徵上的實質關連，當然更不會關心何以會產生這種關連。也就是說，他們既不過問家外團體中的某些屬性與家族中的對應特徵有何實質關係，也不去關心此種實質關係如何形

成。本節所提出的理論觀點實已超越了隱喻論的簡單類比，不但承認
中國人的家族及其內部運作與非家族團體及其內部運作之間確有若干
相似性，而且指出兩類組織的相似特徵互有實質性的因果關連，並進
一步認爲這種因果關連是經由以刺激類化爲核心的家族化歷程所形
成。

　　不僅此也，進一步還應指出：不但研究中國人之組織行爲的學者
會將非家族組織比喻成家族組織，以自後者的觀點來解釋前者，而且
一般人（學者的研究對象）也會採用同樣的隱喻來瞭解非家族團體的
組織心理及行爲；也就是說，研究者與被研究者面對家族以外的組
織，都會以家族作爲隱喻以圖理解。此處不禁有一問題：研究者與被
研究者何以都會用家族來比擬非家族組織？顯然，在此一隱喻之後，
必有一人同此心、心同此理的基本歷程使然，而此一基本歷程實即家
族化歷程——一種複雜的刺激類化現象。多年以前，Asch（1958）即
已指出隱喻的形成是聯想作用的結果，而此種聯想多以相似性爲基
礎。從本節的理論觀點來看，此種聯想作用之所以可能，主要是由於
以刺激類似性爲基礎的刺激類化歷程。研究者與被研究者都是中國
人，他們都有家族化這種刺激類化的傾向，所以他們都會採用「學校
即家族（或家庭）」、「公司即家族」、或「機關即家族」的隱喻來理解
家族以外的組織。家族隱喻是「相似性聯想」（association by similarity）
的結果，層次上是比較表象的；刺激類化或家族化歷程則是此種相似
性聯想的背後機制，層次上是比較基本的。同樣的現象，以比較基本
的歷程來瞭解，總是比較深入而妥當的。尤有進者，隱喻只是一種比

較，所指謂的並不是一種動態歷程，因而無法解釋何以非家族組織會具有類似家族的特徵或現象。與此不同，家族化是一種動態性的歷程，因而可以提供此種解釋。

三、泛家族主義與組織管理

在各個華人社會中，經由家族化歷程所形成的泛家族主義，可以見之於家族以外的各類團體或組織，如企業組織、公務組織、教育組織、專業組織、政黨組織、社團組織等（甚至包括黑道組織）。分就家族以外的各類團體或組織，有系統地獲知泛家族主義的真象或現況，分析泛家族主義在組織的結構、特徵、運作及變遷等方面所發揮的正面與負面作用，是華人社會中研究組織與管理的學者所應認真探討的問題。這一方面的系統性探討不但有助於華人組織與管理問題之本土特性的瞭解，從而對管理改革與效率增進提供更有用的策略，而且有助於本土性組織管理理論的建立與發展。但家外團體或組織類別很多，此處無法就其泛家族主義逐一加以分析，只能先就企業組織內的泛家族主義略作討論。泛家族主義在企業組織內的作用頗多，影響也廣，以下擬就其中幾項加以說明。

1.**企業文化的泛家族主義觀**：自一九八〇年代初以來，西方的組織及管理學者（如 Cooke & Rousseau, 1988；Frost et al., 1985；Martin & Siehl, 1983； O'Reilly et al., 1991；Schein, 1985）探討企業組織中

之企業文化或組織文化（organizational culture）者頗多。台灣之相關學科的學者（如丁虹，1987；洪春吉，1992；陳家聲、任金剛，1995；鄭伯壎，1990；劉兆明等，1995）已亦起而追隨，紛紛從事企業文化的研究，並已獲得相當的成果。關於「企業文化」究何所指，學者間的意見頗不一致。爲便於理解，此處特將「企業文化」界定如下：組織文化是組織內大多數成員所實際共同持有或表現的一套與組織生活有關的認知假設、思維方式、需求期望、態度信念、價值觀念及行爲規範。

從本文的理論觀點來看，華人企業的企業文化相當程度地是家族化的結果，或多或少反映了泛家族主義的泛家族文化內涵。例如，劉兆明等（1995）最近研究台灣企業所獲的實徵結果顯示：即使在位於工業化都會區的大企業中，即使其員工有百分之九十七以上爲大專畢業（百分之二十以上有碩士學位），公司之內仍然是遵循一些傳統性文化價值，特別是在人際關係方面。他們以不同企業（皆爲非家族企業）的企業文化爲主題從事研究，發現台灣的企業文化包含了以下現象：(1)組織領導者有意無意都會形成家長式的權威，且將此種權威建立在道德或倫理基礎之上；(2)組織內強調家庭氣氛，特別重視和諧，鼓勵團隊精神，形成組織是個大家庭或大家都是一家人的一體感；(3)組織內形成類似家庭倫理中之長幼與輩份，並建立私人感情以維繫此種特殊倫理關係；(4)依關係親疏形成組織內的差序格局，進而導致以組織領導者爲中心的內團體，使組織內的層級化更爲明顯；(5)組織內強調「以實爲本」的經營理念與文化內涵，重視刻苦耐勞、腳踏實地、勤

儉樸實、及任勞任怨等價值觀念及行為表現。再如大陸學者樊春江
（1992）就當地企業組織所做的觀察，亦顯示大陸企業單位中充滿類
似家族的文化特色及組織功能，甚至工作單位儼然變成了一種「家庭」
——「單位家庭」（部分是制度與政策使然）。

　　以上這些組織文化的特點，與家族主義的內涵是相當近似的，很
可能都是經由家族化歷程推衍到企業組織，成為企業組織內的泛家族
主義的一部份。也就是說，華人企業的組織文化相當程度地是泛家族
主義的一部份。這裡所提出的可以說是華人企業文化的一種泛家族主
義觀。這一觀點強調泛家族主義下的企業文化與家族主義下的家族文
化是密切關連的，而且前者由後者所衍生，此種關係的形成主要是靠
家族化歷程。非家族企業的組織文化如此，家族企業的組織文化尤其
如此。

　　2.父權家長式領導的泛家族主義觀：華人企業（尤其是家族企業）
中之家長權威式的領導型態，已為中外學者（如鄭伯壎，1991，1993；
Silin, 1976；Hwang, 1990；Redding & Wong, 1986）公認為世界華人
企業之最突出的特徵之一。近年來，鄭伯壎（1991，1993）對企業中
父權式權威領導方式的分析與研究最為深入，對此種領導模式所涉及
的心理及行為做了詳細的描述，也為此種領導型態提供了系統性的概
念架構，並推衍出若干值得從事實徵研究的問題。根據鄭氏的分析與
研究，在家長權威式的領導系統中，身為領導者所表現的行為主要是
專斷作風、貶抑部屬、維護形象（尊嚴）及教誨部屬等類，身為部屬
者所表現的行為主要是順應行為、服從行為、敬畏行為及羞愧行為等

類。企業組織中領導者與部屬的上述對應行為與家族中家長與家人、父親與子女及尊長與晚輩的對應行為是相當類似的。從本文的理論觀點來看，這種類似性主要是來自家族化歷程。家族化中之角色關係的類化歷程，將家族關係中之家長與家人、父親與子女及尊長與晚輩的上述對應行為，從家族推衍到企業組織，在後者形成了同樣的對應行為。家長與家人、父親與子女及尊長與晚輩是中國家族最重視的角色關係，可以說中國人之家族主義的重要部分，一但推衍到企業機構以後，即成為企業組織中泛家族主義的一部份。

3.**自己人意識的泛家族主義觀**：自己人意識是一種穩定的觀念系統，內中包含了將與自己有密切關係的人（如家人、親戚、好友、知己、心腹）當作自己人，將其他人當作外人的認知方式，以及給予對自己人有利、對外人不利之差別待遇的意願傾向。自己人意識與關係取向密切關聯，是特殊主義的重要心理基礎。自己人意識可能具有跨文化的普遍性，但中國人的自己人意識不但特別強烈，而且有其特殊的差別待遇或互動方式。

在華人企業中，企業主持人或老板常會懷有自己人意識，因而會不知不覺地將部屬分為「自己人」與「外人」，進而表現出明顯的差別待遇或互動方式。從鄭伯壎（1995）的有關分析看來，在華人企業中企業主持人與組織內的「自己人」及「外人」的互動可能會有以下的差別：(1)企業主持人對「自己人」有親密感、信任感及責任感，對「外人」則否；因信任程度有異，企業主持人對「自己人」與「外人」所做出來的相同行為會給予截然不同的（甚至相反的）解釋。(2)企業主

持人與「自己人」的互動次數很多，與「外人」的互動機會很少；讓「自己人」參與決策的次數較多，讓「外人」參與決策的機會甚少。(3)企業主持人對待「自己人」偏向體諒、寬大且採人際取向，對「外人」偏向苛求、嚴格且採工作取向。(4)對「自己人」的績效控制較為寬鬆，角色彈性較大，工作結構也較模糊，對「外人」則反是。(5)「自己人」獲得獎勵的機會較多，獎額也較大，「外人」則反是。(6)「自己人」受到較多的栽培，陞職的速度較快，輻度也較大，「外人」則反是；及(7)對「自己人」多加拉攏，對「外人」則儘量防範。

　　以上這些華人企業中時常發生之有關自己人意識的現象，都可以在家族中發現。事實上，中國人之自己人意識最早是在家族生活中形成。對中國人而言，自己人的原始意義應是指家人。對家族延續、和諧、團結、昌盛的維持與增進，以及對家族（及家人）一體感、歸屬感、關愛感、榮譽感、責任感及安全感的維持與加強，自己人（家人）與外人（非家人）之分都是十分需要的，對中國人而言其重要性實不亞於自我意識中之自己與他人（非自己）的分別。甚至，在家族之內也會形成更小範圍的「自己人」與「外人」之分。在分房的家族中，本房的是「自己人」，他房的是「外人」。同一房的人也會因關係的類別或親疏而分為「自己人」與「外人」，近親（如父母、子女、配偶）是「自己人」，長工、僮僕、及寄居家中的親戚朋友是「外人」。在家族生活中，家長或長輩對家中的「自己人」與「外人」也會有類似企業組織中企業主持人對「自己人」與「外人」兩類部屬所表現的種種偏私行為。由於自己人意識已先在家族生活中形成，且其強度猶勝於

企業組織中之自己人意識，顯見企業組織中的自己人意識是由家族中的自己人意識經家族化歷程推衍而來。在家族中自己人意識是屬於家族主義的範圍，在企業組織中自己人意識則是屬於泛家族主義的範圍。

　　以上僅從三方面說明華人企業機構中具有家族主義色彩的組織行為與管理特徵多是泛家族主義的一部份，而泛家族主義則是經由家族化（或泛家族化）歷程所形成。當然，除了以上所舉之例，華人企業中屬於泛家族主義範圍內的其他組織行為與管理特徵尚多，未來應有系統地將此等行為與特徵加以列舉與分類，並逐一與家族主義範圍內的對應行為與特徵相比對，以就家族組織生活與企業組織生活的關係獲得通盤而完整的理解。

參考文獻

丁虹（1987）：〈企業文化與組織承諾之關係研究〉。國立政治大學企業管理研究所，未發表之博士論文。

文崇一（1972）：〈從價值取向談中國國民性〉。見李亦園、楊國樞（主編）：《中國人的性格》。台北：中央研究院民族學研究所。

王玉波（1988）：《歷史上的家長制》。台北縣新店市：谷風出版社。

田昌五（1992）：〈中國文明起源的探索〉。見田昌五：《中國古代社會發展史論》。濟南：齊魯書社。

何友暉、陳淑娟、趙志裕（1991）：〈關係取向：爲中國社會心理學方法論求答案〉。見楊國樞、黃光國（主編）：《中國人的心理與行爲（一九八九）》。台北：桂冠圖書公司。

李亦園（1988）〈中國人的家庭與家的文化〉。見文崇一、蕭新煌（主編）：《中國人：觀念與行爲》。台北：巨流圖書公司。

李樹青（1982）：《蛻變中的中國社會》。台北：里仁出版社。

洪春吉（1992）：〈台灣地區中、美、日資企業文化比較〉。國立台灣大學商學研究所，未發表之博士論文。

陳家聲、任金剛（1995）：〈台灣地區集團企業的企業文化研究〉。「華人心理學家學術研討會」宣讀之論文。

馮天瑜、何曉明、周積明（1990）：《中華文化史》。上海：上海人民出版社。

馮爾康、常建華、朱鳳瀚、閻愛民、劉敏（1994）：《中國宗族社會》。杭州：浙江人民出版社。

楊國樞、黃光國、莊仲仁（主編）（1984）：《中國式管理研討會論文集》。台北：國立台灣大學心理學系。

楊國樞、葉光輝、黃曩（1989）：〈孝道的社會心理與行爲：理論與測量〉。《中央研究院民族學研究所集刊》（台灣），65期，117-227。

楊國樞（1971）：〈中國國民性與現代生活的適應〉。見葉英堃、曾文星（主編）：《現代生活與心理衛生》。台北：水牛出版社。

楊國樞（1981）：〈中國人的性格與行爲：形成及蛻變〉。《中華心理學刊》（台灣），23(1)，39-55。

楊國樞（1988）：〈中國人之孝道觀念的分析〉。見氏著：《中國人的蛻變》。台北：桂冠圖書公司。

楊國樞（1992ⓐ）：〈父子軸家庭與夫妻軸家庭：運作特徵、變遷方向及適應原則〉。中國心理衛生協會（台北）主辦「家庭與心理衛生國際研討會」（一九九二）之主題演講論文。

楊國樞（1992ⓑ）：〈傳統價值觀與現代傳統觀能否同時並存？〉。見楊國樞（主編）：《中國人的價值觀：社會科學的觀點》。台北：桂冠圖書公司。

楊國樞（1993）：〈中國人的社會取向：社會互動的觀點〉。見楊國樞、余安邦（主編）：《中國人的心理與行為——觀念及方法篇（一九九二）》。台北：桂冠圖書公司。

楊懋春（1972）：〈中國的家族主義與國民性〉。見李亦園、楊國樞（主編）：《中國人的性格》。台北：中央研究院民族學研究所。又見李亦園、楊國樞（主編）（1988）：《中國人的性格》。台北：桂冠圖書公司。

葉明華、楊國樞（1994）：〈中國人的家族主義：概念與衡鑑〉。國立台灣大學心理學系，未發表之論文。

葉明華（1990）：〈中國人的家族主義及其變遷〉。國立台灣大學心理學研究所，未發表之論文。

雷海宗（1984）：《中國文化與中國的兵》（台灣版）。台北：里仁書局。

劉兆明、黃子玲、陳千玉（1995）：〈台灣企業文化的解讀與分析——以三個大型民營企業為例〉。信義文化基金會主辦「台灣與大陸的企

業文化及人力資源管理之比較研討會」宣讀之論文。

樊江春 (1992)：〈中國微觀組織中的「家族主義」〉。《新華文摘》（大
　　陸），5，46-49。

鄭伯壎 (1990)：〈組織文化價值觀的數量衡鑑〉。《中華心理學刊》（台
　　灣），32，31-49。

鄭伯壎 (1991)：〈家族主義與領導行爲〉。見楊中芳、高尚仁 (主編)：
　　《中國人‧中國心──人格與社會篇》。台北：遠流出版公司。

鄭伯壎 (1993)：〈權威家長的領導行爲〉。見楊國樞、余安邦 (主編)：
　　《中國人的心理與行爲──理念及方法篇 (一九九二)》。台北：
　　桂冠圖書公司。

鄭伯壎 (1995)：〈差序格局與華人組織行爲〉。《本土心理學研究》（台
　　灣），3，142-219。

錢杭 (1994)：《中國宗族制度新探》。香港：中華書局。

Alvesson, M. (1993). The play of metaphors. In J. Hassard & M. Parker
　　(Eds.), *Postmoderism and organizaions*. London: Sage.

Asch, S. E. (1958). The metaphor: A psychological inquiry. In R. Tagiuri
　　& L. Petrullo (Eds.), *Person perception and interpersonal behavior*.
　　Stanford, CA: Stanford University Press.

Barry, H., III, Child, I. L., & Bacon, M. K. (1959). Relation of child
　　training to subsistence economy. *American Anthropologist*, 61, 51
　　-63.

Bartlett, F. C. (1932). *Remembering: A study in experimental and social psychology*. Cambridge: Cambridge University Press.

Baterson, G. (1955). A theory of play and phantasy. *Psychiatric Research Reports*, 2, 39-51.

Cheng, C. K. (1994). Familism: The foundation of Chinese social organization. *Social Forces*, 23, 50-59.

Cooke, R. A, & Rousseau, D. M. (1988). Behavioral norms and expectations: A quantitative approach to the assessment of organizational culture. *Group and Organizational Studies*, 13(3), 245-273.

Freud, S. (1917). *Mourning and melancholia*. In Standard Edition (Vol. 14). London: Hogarth Press.

Frost, P. T., Moore, L. F., Louis, M. R., Lundberg, C. C., & Martin, J. (Eds.) (1985). *Organizational culture*. Newburg Park, CA: Sage.

Goffman, E. (1974). *Fame analysis: An essay on the organization of experience*. New York: Harper & Row.

Hofstede, G. (1984). *Culture's consequences*. Beverly Hills: Sage.

Hsu, F. L. K. (許烺光) (1971). A hypothesis on kinship and culture. In F. L. K. Hsu (Ed.), *Kinship and culture*. Chicago: Aldine.

Hwang, K. K. (黃光國) (1990). Modernization of the Chinese family business. *International Journal of Psychology*, 25, 593-618.

Hwang, K. K. (黃光國) (1995). *Easternization: Socio-cultural impact on productivity*. Tokyo, Japan: Asian Productivity Organization.

Krefting, L. A., & Frost, P. J. (1985). Untangling webs, surfing waves, and wildcatting: A multiple metaphoring perspective on managing organizational culture. In P. J. Frost, L. F. Moore, M. R. Louis, C. C. Lundberg, & J. Martin (Eds.), *Organizational culture*. Beverly Hills, CA: Sage.

Lakoff, G., & Johnson, M. (1980). *Metaphors we live by*. Chicago: The University of Chicago Press.

Laurent, A. (1983). The cultural diversity of Western conceptions of management. *International Studies Management and Organization*, 13(1-2), 75-96.

Lin, N. (林南) (1988). Chinese family structure and Chinese society. *Bulletin of the Institute of Ethnology, Academic Sinica*, 65, 59-129.

Martin, J., & Siehl, C. (1983). Organizational culture and counter-culture: An easy symbiosis. *Organizational Dynamics*, 12, 52-64.

Navis, E. C. (1987). Cultural assumptions and productivity: The United States and China. In E. H. Schein (ed.), *The art of managing human resources*. New York: Oxford University Press.

O'Reilly, C. A. Chatman, J., & Galdwell, D. (1991). People and organizational culture: A profile comparison approach to assessing person-organization fit. *Academy of Management Journal*, 34(3), 487-516.

Redding, S. G., & Wong, G. Y. Y. (1986). The psychology of Chinese organizational behaviour. In M. H. bond (Ed.), *The psychology of Chinese people*. Hong Kong: Oxford University Press.

Rumelhart, D. E. (1975). Notes on a schema for stories. In D. G. Bobrow & A. M. Collins (Eds.), *Representation and understanding: Studies in cognitive science*. New York: Academic Press.

Schein, E. H. (1985). *Organizational culture and leadership*. San Francisco, CA: Jossey-Bass.

Scoot, W. R. (1987). *Organizations: Rational, natural, and open systems*. Englewood Cliffs, N. J.: Prentice-Hall.

Silin, R. F. (1976). *Leadership and values: The organization of large-scale Taiwan enterprise*. Cambridge, MA: Harvard University Press.

Yang, C. F. (楊中芳) (1988). Familism and development: An examination of the role of family in contemporary China mainland, Hong Kong, and Taiwan. In D. Sinha & H. S. R. Kao (Eds.), *Social values and development: Asian perspectives*. New Delhi: Sage.

Yang, K. S. (楊國樞) (1988ⓐ). The role of yuan in Chinese social life: A conceptual and empirical analysis. In A. C. Paranjpe, D. Y. F. Ho, & R. W. Rieber (Eds.), *Asian contributions to psychology*. New York: Praeger.

Yang, K. S. (楊國樞) (1988ⓑ). Will societal modernization eventually eliminate cross-cultural psychological differences? In M. H. Bond (Ed.), *The cross-cultural challenge to soical psychology*. Beverly Hills, CA: Sage.

Yang, K. S. (楊國樞) (1995). Chinese social orientation: An integrative analysis. In T. Y. Lin（林宗義）, W. S. Tseng（曾文星）, & Y. K. Yeh （葉英堃）(Eds.), *Chinese societies and mental health*. Hong Kong: Oxford University Press.

地區多元化策略與組織設計

司徒達賢

政治大學企業管理學系暨研究所

壹、地區多元化策略

　　面對目前國內外多變之經營環境，經營地區多元化是企業最常思考的課題之一。通常業務多角化與地區多元化是當企業規模成長至某一水準後，才需要考慮的策略方向，但對台灣許多中小型企業而言，地區多元化策略却是在規模成長前就可能必須採行的方向。

　　地區多元化，在策略管理的術語中，就是所謂「價值活動之地理移動」。企業的策略行動是由許多產業價值活動所組合而成的，就一典型的製造業而言，這些價值活動大致包括了原料、零組件製造、裝配、運輸、存貨、品牌、通路、服務以及最終產品等項目，每一項目都為企業（或產業）創造了附加價值，當這些價值活動移動至其他地區時，即表示已開始了地區多元化的過程。

　　地區多元化行動的背後，必須有一些策略的考量：

一、各個價值活動分別配置在何處？

　　地區多元化策略的基本抉擇是哪些價值活動留在原地，哪些外移，移去何處。外移的價值活動中的「原料」來源？是「零組件製造」？是「裝配」？還是「產品市場」？簡而言之，這些外移的可能與生產要素有關，也可能與新的地區市場機會有關，若為前者，則所追求者為更好的生產條件；若為後者，則是追求更為開闊的市場空間。為了做

好此項決策，企業應客觀分析可能移往地區要素市場（人力、土地、原料）之吸引力，以及成品市場的成長潛力與競爭情況。

在廣義的產業價值鏈中，「政府支持」或「執照」等也算是一項價值活動，而且是一項必然無法自行提供的價值活動。這些價值活動的提供者與提供環境是否有利，也是策略上必須考慮的。

二、地區多元化創造了什麼競爭優勢？

其次是一項很基本的策略問題：此一價值活動的地理移動，究竟為企業帶來什麼競爭上的優勢？是生產成本的降低？還是經濟規模的擴充？還是新機會的掌握？地區多元化代價不低，必須先思考是否值得，此一分析，是地區多元化策略思考的重要步驟。例如就成本而言，許多地區多元化的用意在追求生產要素成本（如土地、勞工）的比較利益，但隨著地區多元化而產生的協調成本與環境適應成本增加，也必須一併考量。

就經濟規模而言，就必須檢討，組織內是否存有尚未充分利用的資源，可以因地區多元化而降低平均成本或充分發揮作用。例如某一企業，原來以內銷為主，內銷市場有限，因此採購量小，在國際上採購零組件時談判力不高；但自從在大陸設廠以後，採購量大幅提高，也因而改善了零組件採購上的規模經濟。

三、原有的競爭優勢可否外移？

第三要檢討的是，在本國經營時原有的競爭優勢，是否可以有效

地轉移至新地區去。例如原有的製程能力，到了另一個地區是否有用？是否能夠繼續發揮？原有的協力廠網路，到了新的地區，是否依舊有效？原有的品牌與通路優勢，到了新地區，是否能繼續發揚光大？有不少地區多元化策略結果未合乎理想，原因之一即是當初對原有競爭優勢的轉移抱有太樂觀的預期。有些中小企業，原先的重要競爭之一是「在狹小的空間中設計有效率的生產流程」，以及「協力廠都在附近，採購與協調迅速」，而外移至一土地較遼闊，但週邊產業不發達的地區後，發現過去所長者，皆無可用武之地。在通路方面也有同樣的現象。例如某一大型企業在台灣成功地經營數十年，但過去的成功究竟是由於品牌形象良好，還是產品技術與設計領先，還是經銷體系完整，則未曾真正深入分析。到國外設廠與自創品牌後，才體會到原來過去的成功主要是靠與經銷廠的關係，而這些關係以及與經銷商維持關係的方法，都是很難轉移到其他地區去的。

四、外移或外包後還有什麼生存空間？

　　第四層的考慮是：當許多價值活動都外移或外包以後，本企業掌握在手中的還剩什麼？從世界先進的例子看來，雖然它們的許多產銷活動已經多國化或地區多元化，但始終掌握在手中的是技術與品牌。由於掌握了技術與品牌，再加上複雜細緻的管理制度與刻意經營的組織文化，所以不致於發生產業空洞化的問題。反觀我國許多企業，由於具獨特競爭力的價值活動少，外移之後發生的無力感必然較高。因此，欲從事地區多元化者，必須先看看在價值活動外移後，自己還能

擁有些什麼；或應在外移的同時，設法創造出一些新的能力，才確保未來的生存空間。這幾年來，有些企業從OEM漸漸走向ODM，甚至試圖自創品牌，目的之一就是希望在產業價值鏈上掌握更多的優勢與條件，以便外移或外包以後，自然可以享有廣闊的生存空間。

又例如，台灣某些產業廠商多而規模小，許多類似「貿易商」的業者，生存空間是其所提供的「產業整合」功能，因此雖然本身未擁有製造的業務，但也有他們的貢獻與存在價值。而當上游的生產工作移至大陸後，由於大陸工廠規模大產品多，對貿易商所提供之「整合」服務需求小，因此原來靠整合協調做為生存利基的業者就不得不另謀發展。這些業者努力方向之一是更加強化與外銷對象國（例如美國）的關係，或擴大採購與項目，追求採購上的範疇經濟；方向之二是在產品設計或提高關鍵零組件自製率上努力，以肯定本身的生存價值；方向之三是自己到大陸設廠，根本上即改變了本身在產業價值鏈上的定位。

就較大型企業而言，除了品牌與技術之外，還必須發展出「跨國經營之管理能力與制度」，長期中才可確保本身的生存空間。

五、如何解決溝通與運輸的介面問題

第五項策略考慮是溝通與運輸。地理移動後，由於地區分散所帶來的介面問題，最主要表現在這方面。例如原先設計單位與製造單位就在同一棟大樓；溝通協調十分方便，因此不需任何制度化的溝通程序；而地區多元化以後，兩個單位地處數千里之遙，配合上即可能產

生困難。諸如此類的潛在問題，在進行地區多元化時，都應事先設計有效的調整因應措施，以免價值活動在移動後，未見其利，反被新興的問題弄得措手不及。運輸成本與運輸時效方面，也有類似的問題。此一問題雖然是一項重大限制，但從策略來看，既有障礙，即代表潛在之機會，因為誰可以有效解決此一問題，誰就可以創造出足以領先同業的優勢。各種同步工程的觀念與方法，公司內電腦網路的運用，乃至於宏碁公司的「速食式生產」，都是朝此一方向的努力。

六、如何適應新環境？

　　第六項策略課題是企業與新地區的介面，也就是對新環境的適應。企業是開放系統，與外界環境如政府法令、社區關係、行庫往來、勞工團體等都必須有密切的互動，這些互動關係以及互動的對象都與國內大不相同，因此必須深入了解，及早適應。環境適應不良，也是地區多元化未能成功的原因之一。許多企業在國內經營多年，已建立了良好的各方關係，並以這些關係做為策略行動的重要基礎，而且在經營時已視之為理所當然，然而跨越至新的地區環境，這些關係又必須重新建立，其遊戲規則與國內也未必相同，這可能是邁向地區多元化時最重要的策略挑戰之一。

　　善用當地人士、以合資或策略聯盟的方式結合當地的合作對象、以局部漸進的方式逐漸熟悉新的地區市場，都是企業常用的方法。

七、如何選擇結盟對象與結盟方式？

　　進入新地區時，合作夥伴的選擇以及分工合作的方式也是重要考慮。在新地區，為了彌補本身條件的不足或提高適應環境的速度，某些價值活動可能由一些當地的合作夥伴來負責。換句說，原先在國內自己可以掌控的價值活動，有些無法外移，有些在新的地區無法施展，因此需要由合作對象來提供。例如，在某些政治尚未上軌道的國家或地區，與當地政府機關打交道是一門很大的學問，勢必藉重當地的合作夥伴來負責。又例如通路的掌握或勞工的管理，有時也不得不依賴當地的合作者才能有所成就。

　　由於合作成效對經營結果影響極大，因此究竟是獨資？是合資？以及雙方（或各方）分別應負責哪些價值活動都應仔細規劃，而隨之而來的協調方式與權責劃分方法也需要詳細設計。

　　在合資經營的過程中，如何創造互信的氣氛，避免道德風險之發生，並確保合作雙方都能依原有之約定與了解，盡其應盡之義務，而且可以在互利互重的情況下互相學習，共同成長，也都是管理上的重要課題。

　　有些價值活動，原先在國內時即由其他外界組織負責（例如設計、廣告或零組件製造），到了海外，為了適應新的環境，必須尋找新的合作者。如何尋找，以及如何與這些不同國籍的業者維持良好的互動與合作，也屬於此一策略決策之下。

　　為了提升對合作對象的談判力，或避免合作對象快速學習後自立

門戶，適當的「分而治之」是必要的。例如在不同的地區分散採購來源，使各合作對象間，不能互通聲息，然後本身發揮整合的角色，也是一種競爭導向的做法。

八、如何選擇進入新地區的時機？

有利的環境將帶來機會，然而環境形勢的變化是漸進的。時機尚未成熟即貿然輕進，風險太大；動作太慢，好的機會可能已被同業捷足先登。許多企業（不只是在地區多元化策略之下），其成功的最大原因即是「時機」，但回顧產業發展史，我們也發現，產業的進步，常是一些「革命先烈」所帶動的，而這些先烈們，雖然改變了歷史，創造了時代，爲後繼者鋪設了康莊大道，但本身却往往沒有享受到革命的果實。

太早進入新地區，市場需求尚未成熟，消費者還需要教育；週邊產業尚未普及，也需要忍受一段時期的不便；政府機關的行動程序也在逐漸適應調整。因此太早進入，雖然有帶動風氣之功，但成本稍高。太晚進入，則消費者對品牌各有歸屬，所餘者爲「二軍」；政府制度亦已日趨完備，風險雖然大幅降低，但超額利潤的機會也同時消失。總之，進入時機太早太晚都不好，如何選擇時機是最令企業費心傷神的決策。

先進國家的大型企業，跨國經營的經驗豐富，記錄完整，可以參考過去在各國發展的資料，歸納出掌握時機的原則（例如國民所得到達怎樣水準，或一餐飯的價格佔工人平均收入的比例是多少，即可發

展什麼產業或推出什麼產品）。剛開始從事地區多元化經營的企業或國家，在這方面即處於較不利之地位，但從現在開始有系統地累積經驗與資料，也是一種長期的努力方向。

九、邁向地區多元化後的策略與政策調整

地區多元化將使事業從此面對截然不同的經營環境，因此在事業策略與功能政策上都有隨之調整之必要或可能。

在事業策略層面，當一個事業單位走向地區多元化以後，隨其「地理涵蓋範圍」之改變，其他重要策略形態構面如「產品線廣度與特色」、「目標市場之區隔與選擇」、「垂直整合程度之取決」、「相對規模與規模經濟」、「競爭武器」等，應如何配合新地區進行調整，也是在地區多元化時不可忽視的。

在功能政策方面，行銷的方法、通路的管理方式、人事政策、財務政策、採購政策都可能需要改變，這些因地區改變而做的調整方式，是值得吾人進一步研究的。

十、地區多元化策略與其他策略考量相配合？

企業從事地區多元化策略，就企業整體而言，應非單一事件。因此進入任何一個地區，在選擇策略時，必須同時考慮企業的總體策略、未來整體競爭力的形成、產品線的發展方向、企業的能力與經驗，甚至於目前的組織結構與組織文化。

就總體策略而言（corporate strategy）而言，事業部在考慮地區多

元化時，也應考慮公司其他事業單位在地理上移動的想法。易言之，如果其他事業單位也計劃前往同一地區，或許可以經由組織上某種結合，在當地發揮共同的競爭優勢。而在前往地區的選擇上，也會因整體的考量有所調整。

在未來整體競爭力上，必須考慮此一地理移動所創造的競爭優勢，是否是本企業長期發展中所需要的一環。例如，地區多元化或許可以創造原料採購上的規模經濟，但如果長期而言，我們策略上所希望強調的是技術創新或新產品推出的頻率與速度，則此一地區多元化似乎與整體長期策略構想不甚一致。努力方向不相一致，即有分散資源與注意力的風險。

能力與經驗，自然也是地區多元化策略必須衡量的。財務實力與管理人才的多寡、經由制度進行管理的經驗、管理能力的高下、過去地區多元化經驗之有無，都影響了策略的選擇。

總而言之，地區多元化是世界經營趨勢，由於台灣天然條件的特性，使我們更有走向國際化或地區多元化的必要。而在進行此一行動之前的各項策略考量，是成功的先決條件。

貳、地區多元化策略下的
人事問題與對策

除了策略的正確性以外，影響地區多元化成敗的還有人事政策與人事措施。歸納我國企業過去幾年來從事跨國經營的經驗，在人事方

面可以得到以下這些觀察與心得。

一、外派人員之要求與培養

　　跨國經營，必須派人前往國外，外派之領導人員必須在文化適應上有相當的彈性，在領導方法上也能調整自己的風格，在管理能力上，更需要有全方位經營的潛力。

　　首先談文化適應。外派人員的領導風格與溝通方法在新的文化環境中應有適度的調整才能獲得當地同仁的接受。而當地人士的心態與價值觀念與母公司所在地區有所不同，也很容易發生不必要的誤會。彼此如何調適，如何很快地互相了解與接受，是在進行地區多元化時應該慎重考慮的。早期，常有人將語文與文化適應混為一談，覺得語言溝通能力強者必然更容易適應駐外的環境。事實上，語文只是一項必要的條件而非充分條件。駐外人員除了語言能力必須達到一定水準外，個性上的適應力也不可忽視；對中華文化認同感雖高却不能對其他文化存有成見；願意接觸學習新事物；樂意結交新朋友；面對陌生而充滿不確定性的環境，可以冷靜而迅速地整理出頭緒與條理。這種能力與性格，和學問大小以及過去語文能力是否良好關係似乎不大。有時候，反而是那些個性隨和、容易和當地人士打成一片的人，不僅文化適應較佳，語言能力進步也最快。

　　其次談領導方式。領導方式必須配合被領導者的心理需要，這是大家都了解的道理。許多學術研究中已指出，在不同的文化中，被領導者所重視的大不相同。身處陌生的文化環境，如何察言觀色，如何

揣摩下意，固然可以訓練，但性向與天份恐怕佔重要份量。這也顯示出選才之不易。

　　無論文化適應與領導，天份與性向固然爲重要，但有系統地傳承經驗，也是管理上不可忽略的。也就是說，第一批前往外地的管理人員，在初期的嚐試錯誤中，必然累積了不少文化適應與領導的經驗，企業應設計一套辦法或程序，使這些先遣人員的經驗，以及對當地風土民情的了解，系統化地整理、傳授給後繼人員，甚至將原先所建立的社會關係與資料檔案，有效地移交給後繼人員。

　　最後，還有一項非常重要的是外派人員的全方位管理能力。這在跨國經營向外踏出第一步，或國外分公司創設初期尤其如此。在邁向國際化之前，公司多半已從事外銷。外銷的業務人員可能在行銷上能力很強，但對出貨、會計、法務、人員管理等未必在行。當公司在外成立分支機構，負擔起更多的功能時，很可能順理成章地將原來的業務人員派爲駐外人員。這種做法有時會暴露出其全方位能力之不足。將工廠管理人員外派至海外，有時也會發生一樣的問題。有些企業，爲了因應未來地區多元化經營的需要，幾年之前即開始系統化輪調，並對未來具潛力的同仁進行全方位管理能力的培訓，一旦企業進行國際化經營，即不愁沒有可用之兵。

　　如何在眾多同仁中，篩選出合適的人選，以配合將來工作的需要，及早積極培訓，是邁向跨國經營上很重要的一課。

二、外派人員與母公司的關係

　　駐將在外，首重互信。國外環境複雜多變，許多決策無法事事請示，勢必授權；人遠地遙，控制制度鞭長莫及，全靠信心。因此母公司必須對駐外主管充分信任，充分授權，後者才能充分發揮，及時採取因時因地制宜之行動。

　　然而，信任不是單方面的事。駐外主管必須值得信賴，公司方面才能充分授權。因此，公司選派駐外主管之前，必須及早對他們深入觀察，考察其品格及對公司之向心力，同時在外派之時，也要對其前程與物質報酬有一定水準的承諾，以確保其忠誠度。外派人員操守不佳，或經營一半跳槽他去或就地自立門戶者也偶有所聞，這些對公司都會造成不小的傷害。

　　就外派人員而言，若欲其充分發揮，除了本身的文化適應力、管理上的全方位能力外，還必須對母公司的組織文化乃至於權力結構有相當的了解。了解組織文化，在獨立決策時，牽涉到價值判斷時才能有所拿捏；了解權力結構，才會知道由母公司各單位來的意見孰輕孰重；在溝通協調、請求支援時也才能掌握關鍵重點。而組織文化與權力結構的掌握與了解並非一朝一夕可成，必須長期身處組織中才能有所體會。有些企業由於策略上未能及早規劃，走向國際化時人力不足，不得不借重外聘人員。外聘人才客觀條件雖好，但在這一方面的欠缺，往往造成美中不足的遺憾。

三、家庭問題的解決

　　雖然時代的期許是「男兒志在四方」，但大多數的台灣經理人員對家庭生活相當重視，對妻子的意見也極為尊重。如果全家一起赴任，則公司對其居住與子女就學等必須設計妥善；若單身前往，則定期探親等福利政策亦必須事先規劃。有些人奉命外派猶豫不決，似乎困難重重，其真正原因可能是家中另一半尚未首肯。這時公司應主動與家屬溝通協調，減少其對先生外派之不安。而且公司應對外派人員有良好而完整的照顧，令已外派人員之家屬感到滿意，形成團體共識，可對將要外派之家庭產生正面之影響。反之，如果平時對外派人員家庭之照顧不週，有問題也未能解決，將使眷屬群中所感到的疑慮增加，後繼人士便更加裹足不前了。

　　有些企業似乎已得到一項初步結論：外派人員應優先考慮單身者，否則年齡應在三十歲以下或四十五歲以上。此種看法在世界各國的國際企業管理理論中並不常見，而台灣之所以與眾不同，主要是我們的升學制度，競爭十分嚴苛，而且與世界其他地區亦未接軌（隨父母在外求學，回國肯定考不取高中或大學。除非子女年幼，調回國內時還在唸小學，或子女已經成長到可以留在國外讀大學）。由此角度觀之，我們的升學制度對企業的國際化也還真形成了一項障礙。

　　近年來已有若干台僑學校出現，可以部分解決子弟教育與升學的問題，這也是企業界自力救濟的成果。國家若要大力推動國際化，讓大家真的能夠志在四方，教育政策方面或許也應有所更張。

四、駐外人員的調度與升遷

　　地區多元化時的另一項重要人事管理課題是駐外人員的調度與升遷。就本國外派人員而言，長期派駐國外意味著遠離了權力與核心以及傳統的升遷路線。如果他們事業前程在外派之前未能妥為規劃，外派日久，必生爭端。因此在制度上必須使外派人員感到派駐海外是正常升遷管道中的一環，只要績效良好，將來在事業前程上比起未外派者更為有利，這樣一來，才能使人才樂於外派，使人才流動的方向與企業地區多元化策略的方向一致。

　　如果企業在策略上希望朝向產銷功能都大半分散到海外的全球化經營（globalization），則配合此一策略，人事政策上應將「派駐海外」視為常態，而留守在國內才是例外。

五、海外聘僱人員之升遷與融合

　　走向地區多元化的企業，將母公司的優秀管理人派駐海外固然不可避免，但長期而言，海外公司的管理階層，大部分仍然需要由當地人士來擔任。

　　然而在海外聘僱的當地人士，如何與在台灣的母公司充分融合，並充分認同公司整體的文化與理念，始終是一個不易解決的問題。從美國人的立場談國際化，普遍存在著一項隱含的假設──當地聘僱的管理人員都精通英語。因此若將外國經理調回母公司工作，或召開一個全球分公司負責人大會，毫無問題。但母公司若為台灣公司，外國

經理人員回到國內，語言不通，難免感到格格不入，要想與母公司的各部門同仁充分交流，打成一片，勢必困難重重。針對此一問題，長期的解決辦法是提升大家的外語能力，逐漸將英語成為組織中的正式語言；短期而言，重用當地華僑或留學生是一常見的途徑。任用華僑或留學生在長期中效果如何，管理方面有何注意事項尚待進一步的研究。

從長遠的角度看，當地僱用員工的升遷路線與事業前程也不可忽視。由於語言文化之差異，當地僱用員工向更高階升遷的機會或許受限制。公司若在他們的前程規劃上缺乏完整規劃，則可能造成當他們在技術能力與管理能力較為成熟後另謀他就，成為企業的損失。而且在這方面規劃較為週到的廠商，在吸引當地人才方面也會佔有較有利的地位。

宏碁集團分佈在世界各地的「RBUs」——負責各地區的銷售公司，在成立之初，其法人地位已與母公司互相獨立，而且有當地資本之介入，將來甚至會在各地分別上市，成為當地之大眾握股公司。此一做法，對當地之合作夥伴而言，未來之事業遠景是「自己當家做主」，故應有較大吸引力，但在各地上市以後，與母公司之間的關係，以及向心力之維持等應如何解決，則尚待進一步之設計。

六、人事政策應配合企業策略

以上種種做法，未必放諸四海皆準，必須與企業本身的策略相配合。例如跨國至先進國家或是開發中國家，人事問題就大不相同。是

大幅外移至許多地區或是集中外移至少數地區？哪些功能或價值活動外移？外移後企業掌握了哪些競爭武器？等等，都密切影響人事上的政策與做法。例如，就一「將完整的功能大幅移轉至單一地區」的中小企業而言，可以由老闆披掛上陣，親自駐外辦理設廠事宜，雖然辛苦一些，但只要能力強，許多人事問題都可大幅簡化了。然而，海外事業分散的大型企業，就必須有完整的培訓、升遷、管控制度方克有功。

參、地區多元化策略下的組織設計

策略構想必須經由適當之組織設計與運作方可落實。台灣許多中小型企業，產品單純，即使走向地區多元化，亦可沿用簡單之組織，例如生產活動在A地區，行銷活動在B地區，但皆由公司負責人直接掌控，只需負責人付出更多的時間在四處奔波，地區多元化並不至於構成組織上的問題。

然而對規模較大，產品線紛歧，事業領域廣闊之企業，地區多元化後的組織問題，常是機構領導人面對之挑戰。

所謂組織設計問題，基本上包括兩項：一是組織劃分方法，二是分權程度的取決。而後者自然也包含了控制與監督的方式在內。在組織劃分上，企業必須決定其組織結構是依地區分，還是依產品分，或是依功能分；如果是矩陣式組織，則矩陣之「主軸」是地區？是產品？

還是功能？在分權程度之取決上，則在界定哪些權責在中央母公司？哪些權責屬於基層單位？而此一決策，亦影響了中央幕僚單位的規模。

一、組織劃分之方法

假設某一公司產銷兩種產品（A與B）於兩個地區（甲地與乙地）。則其組織有兩種可能的劃分方式：第一是依產品分，也就是A產品事業部下設甲乙兩區；B產品事業部也下設兩區。第二是依地區分，亦即甲區負責人同時經營A、B兩種產品；乙區負責人也同時經營A、B兩種產品。究竟應依產品分，還是依地區分，即是所謂組織劃分的方法。

在此例中，觀念上可以將企業的業務分成四個單位：(1)A產品在甲區、(2)A產品在乙區、(3)B產品在甲區、(4)B產品在乙區。理想上，此四者自然全都緊密結合在一起最好，但又不得不做必要的分工。而組織劃分的問題，即在分析此四者間如何分組聯結最為有效。

在此四個單位間的可能「聯結」，包括資訊流通的需要、協調與綜效的重要程度、所面對問題之共同性以及決策權統一之必要性。易言之，(1)應與(2)結合，還是應與(3)結合，要看(1)(2)之間資訊流通的需要，和(1)(3)之間的資訊流通的需要孰高。同理，如果A產品在甲乙二區間有綜效（例如甲區之經驗可支援乙區），或A產品在兩區間的業務，有決策統一的必要，則應以產品別劃分組織為優先考量。

從此一簡單例子，可以了解地區多元化組織劃分的原理。而實務上，企業的產品（事業）可能為數眾多，再加上「功能」之構面（生

產、採購、銷售、研發等），以及不同的合作對象與方式，因此決策更為複雜，但其原理是相通的。易言之，地區多元化後的組織，究竟是依產品？地區？功能？以及哪些部分依產品？哪些部分（例如研發）又應集中，基本上都是依據這樣的原則。

　　有時因產業環境或企業策略之原因，某一項業務有其獨特之重要性，或業務成長之必要性，則在組織上獨立運作亦極常見。

二、分權程度之取決

　　所謂分權程度之取決是分散在各地區之單位，在產銷或其他業務上，享有多少程度之自主權。一個極端是高度自治的「邦聯制」，各地區之產銷決策皆可自由決定；另一相反極端是事事皆由中央規劃，行事決策必須嚴格遵守母公司之規定。

　　有些事項影響了分權程度的決策。其一是地方單位之自足性。如果某地區已同時擁有生產與銷售之功能，而所生產之產品，即可在當地銷售，則此一地區之產銷必須與其他地區相配合，至於業務上所需之各項資源與資訊皆由母公司而來，則其獨立性必然較低。

　　其次是相關業務之規模經濟性。如果各地區共同研發或廣告有其規模經濟，則該項業務可傾向於中央集權，或由中央統一運作。

　　第三是業務上一致性的要求。例如公司為維持全球一致的形象，其倫理政策或廣告政策通常不能下授由各地區自行決定。

　　第四是公司策略上的構想也限制了各地區單位的自主權。例如公司認為某些型號或規格的產品，只能在某些地區販售，或在各地區間

有差別取價之政策，各地區只得遵照上級政策實施。

　　第五是各地區決策所需資訊是由中央掌控，抑或由地區掌控，以及決策是否具有高度之時效性。一般而言，地區性資訊具關鍵性或地區決策具時效性者，通常分權程度較高。

　　對地區組織與單位之監督控制，基本上與分權程度有關係。也就是說，分權程度愈高，控制愈傾向於結果導向；分權程度愈低，控制傾向於過程導向。

三、組織設計應配合當前與未來之策略

　　組織劃分方法與分權程度與當前與未來之策略相配合。例如，業務間面對問題之共通性或彼此間綜效的重要程度，會隨環境與策略之變化而有所不同。這些就影響了業務之「聯結」，並從而影響了組織劃分的方式。在分權程度方面也一樣，當地區多元化剛開始時，各地區的自足性或許較低，且經營規模尚小，對規模經濟之追求較為重視，此時集權程度通常較高。而當地區多元化已實施多年，或規模已有相當水準以後，即可能逐漸走向分權。

　　在矩陣式組織中，主軸也可能隨形勢而調整。而身為多元化經營之組織一員，應體認組織結構與職位之變遷乃常態之現象。而從經營者的角度看，如何因應形勢與策略的需要，恰當而及時地調整組織，則是大型企業在多元化經營過程中重要的工作。

全球競爭與多國管理的最新趨勢：
對華人全球化企業的意涵*

陳明哲

美國賓州大學華頓(Wharton)管理學院

*本文的主要參考論文 "Competitor analysis and interfirm rivalry: Toward a theoretical integration" 曾獲得美國管理學會(Academy of Management) 1997年最佳研究論文獎。本文原爲英文，由東吳大學國際貿易學系及研究所助理教授顧萱萱翻譯爲中文。

〈摘要〉

　　本論文主要是探討有關全球化競爭與多國管理中，一些新近發展的趨勢；同時藉由文獻整理，將全球策略、多重市場競爭、競爭性對抗、國際管理與文化及多國籍組織與控制等概念加以整合，藉此發展全球化競爭的理論，並探討這樣的競爭理論對華人全球化企業的意涵。

　　本論文的基本前提在於：透過對各種國家市場實際競爭中競爭作法的研究，將更有助於對於全球化競爭的瞭解。

　　針對全球化競爭的行為趨勢，本論文提出了一些可加以解釋的變項，包括組織、國家市場及文化等的策略性變項。

　　本論文也提出了一些運用這些變項的命題，例如競爭者間的文化差距、當地市場的障礙等，並用這些命題解釋本論文所提出的一個新概念－跨國界競爭能力。最後，本論文也提出了有關未來研究與實務上所可能的意涵。

導　言

　　1989年舉行超級杯的那個星期天，吉利（Gillette）於全球二十三個國家同時上市「Sensor」刮鬍刀。推出之際，舉凡重要的策略考量，如廣告、促銷、發布時機與價格等，採取協調相關市場，嚴密配合的作法（Esty , 1992）。由競爭觀點論之，該產品除擁有技術優越性外，吉利的積極出擊亦構成巨大挑戰。爲做好萬全準備，順利出擊，吉利不但重新調整其組織結構（合併北美與歐洲部門），並進行資訊標準化（市場、產品等）。吉利向來以其全球協調性策略、以及高階管理團隊（top management team）之世界主義觀（cosmopolitan mindset）享負盛名（其高階管理團隊成員中百分之八十擁有豐富的國際經驗）（Esty, 1992; Kanter, 1995），此些要項均構成了吉利全球競爭優勢。

　　本質上，現代企業本質上已多國化，跨越疆界的競爭（cross-border competition）型態成爲策略學家關注的焦點（Ghoshal, 1987; Porter, 1990; Yip, 1995）；全球策略與競爭一躍而爲多國籍企業經理人、策略管理、國際管理研究者的共同議題，不斷引起廣泛的討論熱潮（Ghoshal, 1987）。根本上，全球策略所要探討的問題在於如何跨越國界，於不同的市場上展開競爭（Porter, 1986; Hamel & Prahalad, 1985 ; Yip, 1995）。因此，在研究初期以理論發展爲首要之務。

　　近來，策略及組織研究者開始對多重市場競爭（multipoint competition)、或者不同市場中主力競爭對手均相同的現象感到興趣（Baum & Korn, 1996; Gimeno & Woo, 1996; Karnani & Wernerfelt, 1985）。這類研究衍生自產業組織經濟的論點——目的在探討多重市場交手(multimarket contacts) 對競爭程度的總體影響效果（Bernheim & Whinston, 1990; Edwards, 1955; Evans & Kessides, 1994; Scott, 1982），且已有實質斬獲。例如，由生態觀點立論，發現多重市場競爭（multimarket competition）是市場進入與退出模式的重要決定因素（Barnett, 1993; Baum & Korn, 1996; Havenman & Nonnemaker, 1995）；策略學者(Gimeno & Woo, 1996; Smith & Wilson, 1995)業已著手探討此種相互牽制（mutual forbearance）假說的成立條件。

此類研究雖有其侷限之處，但旨在釐清全球競爭問題（Watson, 1982; Enright, 1994）。至於建構較完整的全球競爭模式，則尚有待後續努力。

採取多重市場競爭取向來探討全球競爭議題，需有幾點考量：首先，兩公司若僅是在多重市場進行單純的競爭，個別公司並未建構適當的組織內部機制（intraorganizational mechanisms），市場間亦無協調策略性，即未形成「多重市場競爭」。因此，研究者應重視各種協調機制（Golden & Ma, 1994）。當公司彼此於多重市場競爭時，就組織方面來說，如資訊的可獲得性和控制的效能就變得特別重要，部份全球化企業甚至連控制功能都尚未能執行得宜，更遑論落實競爭優勢（Martinez & Jarillo, 1989; Norhria & Ghoshal, 1994）。

其次，研究者需由競爭與策略角度考慮市場間的差異性 （Chen,

1996)，相較於本國市場同質性特徵，不同市場確實有本質上的差距（Yip, 1995），地理距離、語言隔閡、歷史背景、管制措施和經濟發展均可能造成限制（Gupta & Govindarajan, 1991），而文化向度更是全球化企業思考競爭策略時不可忽略的重點（Schneider & De Meyer, 1991; Kogut & Singh, 1988）。最後，此研究取向除了鎖定在多重市場競爭的總體效果之外，也探討不同市場情境下（本國市場、全球市場）所展現出來的動態競爭模式。

　　本篇概念性文章的主要目在於整合各方的相關文獻，以發展全球性競爭理論（theory of global rivalry），豐富和界定多重市場競爭架構，並據此提供華人全球化企業一些競爭意涵（本文中所稱華人企業指由華人經營且其營運範圍涉足亞太和世界其他區域者）。本文基本上認為要探知全球競爭問題，必須瞭解全球競爭者在不同市場間進行的競爭活動，才可將極端複雜的全球競爭現象在具體、可控制的範圍內進行檢測，而不僅限於以個案或特定對象為研究方法。由競爭性對抗（competitive rivalry）（Chen, Smith & Grimm, 1992）、國際管理與文化（Kim & Hwang, 1992; Hofstede, 1993）、多國籍組織與控制方面（Gupta & Govindarajan, 1991; Martinez & Jarillo, 1989）的文獻整理，本文擬釐清下列問題：如何應用多重市場理論詮釋全球競爭議題？多重市場理論中的主要假定是否需要重新檢視？策略上、組織上、市場或文化變數，有哪一些對瞭解全球多重市場競爭最有助益？各國市場差異如何影響全球化競爭？最後，全球競爭與多國管理對華人全球化企業有何特殊意涵？

　　為精進全球化競爭理論，本文首先自多重市場競爭和競爭性對抗研究中導引出基本構念，即所謂跨國界競爭能力（cross-border competitive capacity），並定義「跨國界競爭能力」為公司以統整（integrative）方式於多國市場中與全球競爭對手交戰的能力，然後提出組織、國家市場和文化變數以解釋全球競爭的行為模式。接著，研擬相關命題，由競爭者間的文化差距、企業所有權歸屬、當地市場和文化障礙說明全球競爭特點，並針對主要變數建構操作性定義與衡量方法。文章結尾則指出未來研究方向及實務意涵，尤以對華人全球化企業提出建議。

理論背景

全球化策略與競爭

　　在全球化競爭中最令人關心的焦點，莫過於多國籍企業如何藉由鞏固某國市場中的地位，再進軍另一市場（Kogut,　1985）；或以此分散風險，當某國市場遭遇危機時，可立即將主力轉向其他市場（Aaker & Mascarenhas, 1984, p.77）。多國籍企業重視外溢效果的主要原因，是以公司整體長期成功為經營目標，追求各單一市場績效的極大化，或所有市場間的策略統整性（Porter, 1986; Yip, 1995）。然而就策略觀點分析，多國籍企業的全球整合程度其實並不一致，有些採多國市場取

向（multidomestic approach），有些則屬於另一個極端爲完全的全球化取向（Kobrin, 1991; Johansson & Yip, 1994; Hamel & Prahalad, 1985）。

關於全球化策略和競爭方面的研究，多以市場進入（Kim & Hwang, 1992; Kogut & Singh, 1988）、直接對外投資（Yu & Ito, 1988）、公司研發、及其對全球市場佔有率的影響（Franko, 1989）爲主題。研究方法上，除了少數的例外（如Johansson & Yip, 1994），均尚限於個案或描述性研究。所謂「全球」充其量也只是指稱非美國市場。如 Craig （1996） 敍述八十年代中期日本的啤酒戰爭，Doyle, Saunders, & Wong（1992）比較美國、日本和英國公司於英國市場中所採取的競爭策略與目標差異性，均屬此類。

儘管研究者重新由競爭行爲互動性（exchange of competitive moves）思考全球化競爭議題（Hamel & Prahalad, 1985; Yip, 1995），但理論發展相當緩慢，甚至連基本分析架構均有待加強。爲發展此一分析架構，必須自策略研究中找出線索，這方面研究不僅關心多重市場競爭問題（Gimeno & Woo, 1996），更進一步探討競爭性對抗的決定因素及後果（ Chen, 1996; Smith, Grimm, & Gannon, 1992）。

多國市場對抗（multimarket rivalry）

多重市場競爭。對競爭策略研究者而言，要瞭解競爭實情必須將研究範疇放眼於多國市場（Porter, 1985）。證據顯示，部份多國籍企業之所以跨足他國市場，主要是爲了保護自己在本國市場的地位（Watson, 1982）。此說法認爲當一公司於本國市場中遭遇外來的挑戰時，將

進駐競爭者之母國市場以報復之，諸如輪胎產業中的米其林（Michelin）對抗固特異（Goodyear）（Karnani & Wernerfelt, 1985），以及販售滑雪用具之Salomon對抗Tyrolia（Yip, 1995）等個案，其競爭情形均屬此類，而要瞭解多面性競爭（multifaceted competition）可由多重市場競爭文獻中探究根源（Gimeno, 1994; Karnani & Wernerfelt, 1985）。研究多重市場競爭強調市場共享和市場相依性（Caves & Porter, 1977），正由於彼此從事多國市場競爭，較量機會增多，競爭者皆有許多選擇以攻擊對手或捍衛自己，因此，反擊行動不一定拘泥於遭受攻擊的市場中（Karnani & Wernerfelt, 1985）。凡競爭於多國市場，公司需要深切體認不同市場間的相互依存性（Gimeno, 1994），研擬競爭策略時就要考量到後續可能引發的報復行動（Amit, Domowitz, & Fershtman, 1988），而此番認知將對其市場行為及市場績效產生顯著的影響。**表一**依據產業、獨變項、依變項、主要發現、相互牽制假說以及組織、市場變數整理最近關於多重市場競爭的相關研究。

　　多重市場中之「市場」概念可廣泛以地理區域或者國家市場界定之（Karnani & Wernerfelt, 1985），而多數實證研究則以航空業（Baum & Korn, 1996; Gimeno & Woo, 1996）、銀行業（Scoot, 1982）和連鎖超市業（Cotterill & Haller, 1992）為對象，主要原因是這些產業有明確的地理疆界可界定市場範圍，而多重市場競爭研究正以跨越不同國家市場的全球競爭者為主。

　　多重市場競爭研究中有一項重要任務，就是驗證相互牽制假說（Edwards, 1955），此假說認為橫跨市場的報復性競爭可能抵制競爭

表一　多重市場競爭相關研究

作者	樣本	獨變項	依變項	主要發現	是否支持相互箝制假說	組織變項	市場變項
Baum & Korn (1996)	加州航空公司	市場範疇重複性 多重市場競爭	市場進入與退出率	市場範疇重複性增加將導致競爭程度增加 多重市場競爭增加，市場進入和退出率降低	支持	公司年限 公司規模 過去績效	
Gimeno & Woo (1996)	美國航空公司	策略相似性 多重市場競爭	價格 競爭程度	競爭程度隨策略相似性與多重市場競爭增加而降低	支持	控制服務屬性 與成本	控制市場相依性與市場結構
Smith & Wilson (1995)	航空公司	銷售量 進入障礙績效	抗衡性防備	「靜而不動」是最常見的反應	分歧	股票市場價格	市場相依性
Evans & Kessides (1994)	航空公司		航線費率	多重市場競爭與高頻航線費率相關	支持		明確市場定義
Barnett (1993)	電話產業		市場退出率	多重市場競爭可降低市場退出率	支持		
Cotterill & Haller (1992)	連鎖超市	市場結構 集中程度 連鎖家數 市場成長率	市場進入	現有連鎖程度愈高，進入市場可能性愈低	支持		市場進入障礙＝競爭者數目眾多
Martinez (1990)	銀行		規模排序 穩定性	多重市場競爭程度愈高，市場穩定性愈高	支持		
Mester (1987)	銀行		市場穩定性	多重市場競爭導致較高對抗	不支持		
Rhoades & Heggestad (1985)	銀行		績效	無顯著關係	未驗證		

表一 （續）

作者	樣本	獨變項	依變項	主要發現	是否支持相互牽制假說	組織變項	市場變項
Alexander (1985)			市場穩定性	多重市場競爭導致較高對抗	不支持		
Feinberg (1985)	多重產業		邊際利潤	市場集中程度適中時，邊際利潤較高	分歧		
Scoot (1982)	多重產業	賣方集中程度，多重市場競爭	利潤	多重市場競爭與集中程度愈高時，利潤愈高	支持		
Haggestad & Rhoades (1978)	銀行控股公司	集中程度 成長率 銀行法規 市場間接觸程度	市場佔有率 穩定性	多重市場競爭程度愈高，穩定性愈高，當市場間接觸程度愈高，多重市場競爭程度愈高	支持		管制產業＝穩定性較高
Karnani (1985)	理論		對競爭攻擊產生之反應			先鋒優勢	市場進入障礙
Bernheim & Whinston (1990)	理論			多重市場競爭可便利公司間協調性		生產成本	競爭者數目 需求成長率
van Witteloostuijn & van Wegberg (1992)	理論		進入抵制和選擇	相關產業之進入威脅在本質上與新公司不同			市場選擇勾結

者行動，以避免於多重市場作激烈交戰（Barnett, 1993; Gimeno, 1994），實證研究結果如**表一**所示。但一如Gimeno（1994）與Baum & Korn（1996）所言，研究結論是衝突且分歧的。

有些研究者將此分歧結果歸因於假說誤謬，認為單純因兩家公司競爭於多重市場，就認定其從事多重市場競爭策略是不當的（Golden & Ma, 1994）。除非在多重市場中競爭的企業均有動機及組織支援機制，以執行所謂多重市場競爭策略，否則不適合過分詮釋此競爭行為（如**表一**所示，至目前為止，研究者僅將公司規模、過去經營績效、生產成本等組織變數囊括研究中）。

此外，為應用此取向探討全球化競爭問題，不管由競爭角度或策略觀點，都應考慮市場間的本質差異（qualitative differences）（Chen, 1996），以及不同國別的競爭者特色 （Porter; 1990）。本國市場雖具高度的同質性及文化共通性，但探討全球市場時却不得抱持此假定，以免產生偏差。

相互牽制效果是此類研究關切的重點，而競爭者在多重市場中的競爭活動和對抗行為則甚少獲得探討。相互牽制效果，雖然相當關鍵，但應置放於更廣闊的競爭範疇中討論，正如Baum & Korn（1996）與Chen（1996）所言，這些研究傾向分析平均價格、公司績效等變數，但其只代表競爭對抗的結果而非競爭對抗本身。在缺乏理論發展下，這類思考取向，無論對全球化研究者或實務者均有其侷限之處。

競爭性對抗。策略學者在競爭性對抗研究中，已獲得許多成果（Chen, Smith, & Grimm,1992; MacMillan, McCaffery, & Van Wijk,

1985; Smith, *et al.*, 1992)。首先，研究者釐清對抗概念與競爭概念的差異性，前者強調個別公司立場，後者則著眼於產業或市場結構特性（Baum & Korn, 1995; Caves, 1984; Jacobson, 1992）。其次，以個別競爭行為為分析單位，由探討競爭行為之互動性，如市場擴張和降價，可助於瞭解對抗行為（Caves, 1984; Porter, 1980; Smith, *et al.*, 1992）。第三，此類研究認為公司間對抗行為導因於三種驅力：對競爭關係的察覺（awareness）、有動機（motivation）採取回應行動、以及有能力（capability）採取回應行動（Chen, 1996）。

實證方面顯示，競爭性對抗對公司的績效有顯著的影響（Chen & Hambrick, 1995），而且可由攻擊型態（Chen & Miller, 1994）、攻擊者投注程度、受攻擊市場重要性（Chen & MacMillan, 1992），以及防禦者組織內部狀況，如資訊處理能力（information processing capacity）（Smith, Grimm, Cannon, & Chen, 1991），來預測公司的回應行動。Chen（1996）更擴展上述論點，主張由市場和資源向度比較競爭者特點，有助於預測競爭性對抗問題。

然而，至目前為止，此類研究僅限於本國市場範疇，尚未應用至全球層次。為探究實際競爭複雜性，將此取向擴展至全球化競爭應屬當務之急。現階段全球化策略與競爭文獻開始體認動態觀點的重要性，誠如Hamel & Prahalad（1985: 140）所言，競爭行為互動性起源於一連串競爭攻擊與反應，是導致全球化競爭的驅動力。

全球多國市場對抗(globalizing multimarket rivalry)：
跨國界競爭能力

Yip (1995) 承續 Hamel & Prahalad(1985)的看法，認為妥善管理、整合全球化競爭行動是全球化策略的關鍵，若無法達成全球整合 (可由地理區域且/或產品界定之)，在任何單一市場中均不可能建立優勢。

基於上述論點，本文提出一項新構念：跨國界競爭能力。所謂跨國界競爭能力指公司以統整方式於多國市場中與全球競爭對手交戰的能力，統整措施可能包括廣告、定價、上市時機、活動序列等。跨國界競爭範例包括：1.統合各國市場的競爭行動 (如市場進入、降價等)，2.遭受攻擊後報復於他國市場，3.遭受攻擊時，統合公司營運的所有市場一起反擊。一公司之跨國界競爭能力在行為向度上，可能顯現於競爭行動的速度、範疇以及頻率。舉例來說，吉利以統整性作法，於全球二十三國市場同時推出Sensor刮鬍刀，就可稱為具備良好的跨國界競爭能力 (Esty, 1992)。

協調性競爭活動有顯著的宣示效果，一則可表彰公司對競爭者行動的不滿情緒，另外亦可能透露出結合 (collusion) 的意圖 (Karnani & Wernerfelt, 1985) 。採取此戰略的公司可享有較大的策略彈性，強化自己對競爭者的支配性，甚至重新獲得已經喪失的競爭優勢 (Evans & Kessides, 1994)，使競爭者遭受嚴重打擊，增加牽制效果及結盟的可能性，如果結盟是協調性戰略使用者所企求的 (Cotterill ＆ Haller,

1992)。在實證研究上，經由本國市場檢視多國市場間協調性作法的效果（Heggested & Rhoades, 1978）、進而瞭解此構念及相關因素，對精進全球化競爭理論應更爲重要。

多國管理與全球多國市場對抗：
組織、市場和文化議題

　　基於市場、文化和組織因素的考慮，在本質上，跨越國家市場的全球化競爭與本國市場競爭情形不同，瞭解此差距對於研究全球化競爭，以及確認全球多國市場競爭的驅動力來說是相當重要的。

　　由組織和競爭觀點視之，當公司所面對的競爭者來自其他市場（Egelhoff, 1988），或者彼此在經營取向上有顯著差異時（Newman, 1972），資訊混沌及不完全性較高。因此，在文化差距和地理距離影響下，公司對於他國市場競爭者所表徵的意圖，常無法正確解讀，所以，回應行爲恐怕也多有失誤（Koler, Fahey, & Jatusripitak, 1985）。

　　就市場方面來說，每個國家市場均有其獨特的文化、貿易型態、經濟狀況、政治及社會模式（Gupta & Govindarajan, 1991），雖然多國市場競爭研究者已開始關切當地市場狀況（**見表一**，特別是Bernheim & Whinston, 1990和Gimeno & Woo, 1996之研究），但是本國市場與全球市場情境截然不同。比方說，研究本國市場時，常以結構性變數，如競爭者數目，來界定進入障礙（Cotterill & Haller , 1992）；但若以相同變數衡量全球市場進入障礙，則不完整，因爲全球市場進入障礙還受當地政府管制、貿易障礙等因素的影響　（Sundaram & Black,

1992)。的確，貿易管制將產生阻隔效果，限制公司進入某些市場。

最後，競爭不對稱性（competitive asymmetry）（Chen, 1996），或公司投注市場的資源差異，對全球化競爭的影響可能顯著高於本國市場競爭情境。因資訊不完全、文化分歧、各國市場特殊性、以及策略意圖和組織能力等因素，當競爭於全球市場時，公司較容易創造並維持不對稱優勢，此點亦可說明許多公司進行全球擴張的動機。擴展市場版圖之餘，對於未有競爭者的利基市場或者競爭者無力報復的市場，全球化企業特別感興趣。有些市場更因為限制外資企業數量，使得早期進入全球市場者形成類似獨佔的現象（Encarnation & Wells, 1986; Poynter, 1982）。

就競爭和策略研究而言，如果要探討全球情境，必須採取多元、整合性取向，並將全球情境中的重要變數納入考慮　（Sundaram & Black, 1992）。以下就從探討組織、國家市場和文化的相關文獻中，整理出一些看法。不過，值得一提的是，在概念上，這些文獻其實有相當程度的重疊。

組織議題。論及多國籍企業管理，文獻主要探討母公司、分公司（Martinez & Jarillo, 1989）、或分公司間（Ghoshal & Bartlett, 1990）控制與協調、管理移轉（Edstrom & Galbraith, 1977）、知識（Gupta & Govindarajan, 1991）和資訊傳遞（Egelhoff, 1988）等問題。部份研究者則由環境變數分析組織內部機制的決定因素（Sundaram & Black, 1992），或針對不同所有權類型——如完全擁有、合資或授權來分析其控制機制（Gatignon & Anderson, 1988）（可參閱Martinez & Jarillo,

（1989）對這些控制機制實務應用的整理）。

　　除少數例外（Rosenzweig & Singh, 1991; Sundaram & Black, 1992），文獻焦點都集中於多國籍企業的組織議題，却甚少談及其營運範疇的外在競爭環境，內部、靜態的分析無法解釋多國籍企業在市場中的行爲，或者面對競爭的處理方式。此外，正如Gupta & Govindarajan（1991）所言，以多國籍企業爲研究分析單位，以總體資料爲檢視重點，對於個別分公司所扮演的角色，或者個別分公司所在市場的完全忽略，在市場間文化差異性如此重要的情況下，此種作法難免容易產生問題（Schneider, 1992）。

　　市場與文化議題。檢視市場狀況時，研究者應特別注意結構與文化因素。某些產業在本質上即傾向多國性，如零售業、航空業，針對此種產業，Porter（1986）認爲每個國家市場應視爲獨立「產業」，並單獨分析之。Robock & Simmonds（1989）指出各國市場管制與貿易障礙差異，Sundaram & Black（1992）強調當地市場在公司所有營運範疇中所佔位階（sovereignty）對內部協調之影響，Adler（1970）則由社會心理和文化向度，界定進入外國市場時可能遭遇的障礙。

　　進行全球化研究需考慮各國市場文化差異，許多研究者亦論及文化議題及其對管理之意涵。例如，Schein（1985）界定文化爲個人與環境及個人與他人的關係，Hofstede（1980, 1993）以不確定性的逃避（uncertainty avoidance）、個人主義（individualism）等概念比較不同國家文化，其他學者則探討文化對管理者價值觀（Newman, 1972; Sundaram & Black, 1992）、風格、作法（Perlmutter, 1969）、策略形成

(Schneider, 1992) 以及進入市場模式的影響 (Kim & Hwang, 1992)。

　　文化對全球競爭之影響顯現於不同層面，第一，來自不同國家或文化背景的競爭者可能採取不同的競爭行爲；第二，分析競爭者時常需考慮彼此間文化相似性程度；第三，全球化企業母公司與他國分公司間，或者各國分公司間文化差異性，將對該公司對抗全球競爭者的能力有直接影響。

命題：多國管理與全球多國市場競爭

　　此部份將由策略和競爭文獻中，整理出公司層次的變數，以回應對全球性議題的關切，並預測跨國界競爭能力。此些變數主要包括：策略（公司策略的全球化程度）、高階管理團隊（公司高階管理團隊之國際經驗多寡）、組織（公司在其分公司中的擁有權、母公司與分公司間的資訊傳遞、母公司與分公司所在地的文化差距）、市場（分公司所在市場之障礙、各分公司所在市場間的分歧性）、競爭（公司與競爭者間文化差距），後續將對這些變數做進一步說明。

　　上述提及的變數可能並不完整，但都與全球化競爭議題息息相關，在文獻中亦多有理論依據，有些變數已被廣泛引用，其餘變數則有助於探討新的研究方向；就實證角度而言，均有適當的衡量方法，對精進理論發展實有助益。尤有進者，所有變數對公司間對抗或競爭行爲的前置要件－察覺競爭關係、有動機採取回應行動、有能力採取

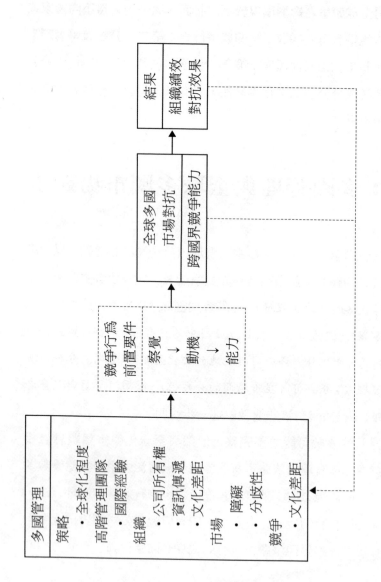

圖一　全球化競爭之整合概念架構圖

回應行動，均有直接影響。而由「察覺競爭關係、有動機採取回應行動、有能力採取回應行動」所形成的基本架構，正適合統整所有獨變項，並作爲預測跨國界競爭能力的理論基礎。後續所提出的命題即欲說明公司特性和其在全球化競爭中行爲傾向的關連性。

圖一爲多國管理（multinational management）與全球多國市場競爭關係的架構，主要獨變項包括策略、高階管理團隊、組織、市場以及競爭，這些變數會影響競爭行爲的前置要件，包括察覺競爭關係、有動機、有能力採取競爭行動；接著，前置要件影響跨國界競爭能力；最後全球化競爭性對抗將左右組織績效，並決定對抗結果（如市場佔有率之改變）。除一連串影響歷程外，圖中還明示競爭行動的迴路（feedback loop）效果，即競爭行動可能反過頭來改變現有競爭、組織和市場狀況，不過，關於此點，本文並未加以深究。

值得一提的是，在探討單一獨變項的影響作用時，需控制其他獨變項於等同情況，即使有些變項的界定方式不盡理想，但基本上視所有變項爲獨立構念，這些獨變項間或許存在因果性關係，或許有共同影響根源，但均不在本文討論範圍內，我們所關心的是這些獨變項在全球多國市場競爭中所扮演的角色。此外，文中未納入的變數（如競爭經驗、各競爭者在市場與資源配置上的關係）亦可能影響競爭對抗性，但因未加以處理，而假定其影響效果類似。

策略全球化與跨國界競爭能力

從全球化策略和競爭來探討全球化概念的文獻，主要鎖定在產業

與公司兩種層次。然而，事實上這兩種層次常被視爲具高度替換性
（Porter, 1986; Yip, 1995）。Kobrin（1991:18）主張所謂全球化應指競
爭本質，而非產業結構。基於此理由，以及對公司間競爭議題的研究
興趣，本文亦將焦點鎖定公司層次。

　　從策略觀點區分，多國籍公司的全球整合程度各異，採取完全全
球化策略是一種極端，主要由母公司設定經營策略，各分公司以此爲
行事依據；另外，單一市場中的經營績效深受該公司在其他市場中之
地位的影響（Kobrin, 1991; Porter, 1986; Hamel & Prahalad, 1985; Yip,
1995）。另一極端型態是多國策略，各分公司市場間幾乎沒有協調，也
不嘗試連結各市場來形成綜效（Hout, Porter, & Rudden, 1982）。研究
者業已由產品標準化程度（Levitt, 1983）、價值鏈之協調與型態（Porter,
1986）、規模經濟（Porter, 1985; Kim & Hwang, 1992）、公司內交易
（intrafirm trade）（Egelhoff, 1988）、多重採購與生產彈性（Kogut,
1985）、和產品組合寬度（Hamel & Prahalad, 1983）等概念評定公司
全球化程度。

　　公司策略的全球整合程度，對其採取的競爭方式有決定性的影
響：在高度整合的策略下，所界定的競爭者與多國策略不同（Hamel &
Prahalad, 1990），前者視全球爲單一市場，只關注全球競爭者的挑戰，
而非區域性或個別市場（Yip, 1995）。基於此，全球化公司對於競爭者
的舉動，乃統合多重市場做整體評估，回應行動也放眼於全球範疇。
全球化競爭者強烈關心對手在多重市場中的情形，甚至是該公司尚未
進駐的市場。事實上，營運於全球多重市場時，各分公司間無論在策

略或運作上都高度相依，所以，公司在單一市場中的價格設定，可能
對其他市場也產生影響（Hout, Porter, & Rudden, 1982: 103）。而全球
化公司必須能整合所有產品與市場地位，不論是面對個別市場或全球
競爭者，此種協調、整合能力將有助於公司在全球多國市場競爭中獲
勝。

　　一如Prahalad & Doz（1987: 66）所言，競爭者間常存有顯著的競
爭不對稱性，某一方採全球觀點，另一方則以保衛本土市場爲主，即
使彼此所擁有的資源和身處的產業特徵相似亦然。多國策略者以個別
市場爲競爭基礎，然而，有時在投機心態促使下，也可能從事全球多
國市場競爭；不過，即便如此，也沒有整合性的全球策略出現。例如，
個別分公司遭受相同的全球競爭者挑戰時，可能採取配合性反擊措
施，或者面對相同機會時，可能引發一致性行動。然而，這些突發情
形，未足以使得多國策略者從事跨越市場的全球化競爭。

命題一：公司策略愈趨向全球化，其所擁有的跨國界競爭能力愈高。

高階管理團隊國際經驗和跨國界競爭能力

　　Hambrick & Mason（1984）主張公司其實是高階經營者之寫照，
由高階管理團隊的人口統計特徵可預測組織績效，此即所謂「高層管
理效應」觀點（upper echelons perspective）。過去十年來陸續有許多研
究，探討各種高階管理團隊和公司變項間關連性，亦多半支持這種論
點（Bantel & Jackson, 1989; Michel & Hambrick, 1992）。

　　近來，研究者應用此觀點探討公司間競爭議題，並顯示高階管理

團隊的組成特色,確實對於競爭行為有影響 (Smith, *et al.*, 1991; Hambrick, Cho, & Chen , 印行中)。舉例來說,高階管理團隊的組成份子如果在專業背景、教育程度和年資等變數上差異大,可能表現出較積極的行動和回應傾向。

　　有鑑於公司全球化程度漸增,研究上有必要將「高層管理效應」觀點應用於全球化競爭情境,特別是高階管理團隊的國際背景與分歧性,以及對全球化競爭的影響效果,此主張亦符合Tsui, Egan, & O'Reilly (1992) 的看法。

　　競爭於全球市場,不僅要求各國家市場間嚴密配合,更需有充分知識與技巧以溝通、管理市場間分歧性。一般而言,當管理者具有豐富國際經驗時,對當地市場或國際市場都有較深切體認,包括不同的商業實務、競爭態勢和文化規範 (Bartlett, 1986) 等,對於自己組織的瞭解程度亦較透徹,而不僅拘泥於專業知識或受限於國界 (Shenkar & Zeira,1987),如此才可確保公司順利進行多重市場競爭。

　　管理者之派外、調任方面的研究顯示 (Egelhoff, 1982),國際事務經驗愈豐富者,全球化體認愈高,也愈有能力和意願由全球化觀點思考行動方法。在一項全球經理人社會化的調查中,Edstrom & Galbraith (1977) 發現當管理者在全球市場中輪調次數增加時,與公司其他組織單位溝通更為頻繁,也更為容易。此外,對個別市場、競爭活動的瞭解程度提高,亦可促進不同市場、分公司間的協調性 (Smith & Wilson, 1995:144)。

　　總而言之,高階管理團隊的國際經驗將影響對個別市場和競爭者

的認識程度，以及採取全球協調性行動的意願和能力。

命題二：公司之高階管理團隊所具備的國際經驗愈多，其所擁有的跨國界競爭能力愈高。

公司所有權(corporate ownership)與
跨國界競爭能力

　　全球化擴張使得公司接近其他市場，享有規模經濟、範疇經濟利益，並增加對抗競爭者的能力（Robock & Simmonds, 1989; Kogut, 1988）。面對全球化競爭，公司需要更爲豐沃的資源，而購併正是提升能力的好方法（Nohria & Garcia -Pont, 1991; Kogut, 1988; Ohmae, 1989）。一般來說，市場進入模式可分爲以下幾種：分公司股權由母公司完全擁有（可藉由公司內部發展或合併、收購來完成）、合資（佔大多數股權、股權各半或者佔少數股權三種形式）、策略聯盟、技術授權、製造合作，以及供應或行銷協定（Harrigan, 1985; Nohria & Garcia-Pont ,1991）。而影響模式選擇的主要因素爲：市場可接近性、市場潛力與風險、社會文化特徵、公司經驗、當地市場管制措施、專利技術考量等（Bartlett & Ghoshal , 1987; Gatignon & Anderson, 1988; Agarwal & Ramaswami, 1992）。

　　因所有權程度不同，公司於他國市場中設立的組織形式也各異（Harrigan, 1985）。但通常，擁有的股權愈多，控制力愈大，對改善公司的競爭地位，和追求更高利潤，也愈有幫助（Gatignon & Anderson, 1988:3）。

　　所有權程度影響許多公司活動，對市場進入決策和運作模式也有預測效力（Gatignon & Anderson, 1988; Kim & Hwang, 1992）。實證研究發現，控制模式與產品差異化程度相關，控制力愈高，產品差異化程度愈高（Anderson & Coughlan, 1987; Caves, 1982; Stopford & Wells, 1972）。從競爭觀點而言，母公司所擁有的權份可能影響分公司間策略一致性，並左右該公司協調各市場的能力（Franko, 1977）；對母公司、分公司間的溝通互動方式（Egelhoff, 1988），對競爭者行動的理解程度，也都有影響。當分公司與母公司，或其他分公司間，就重要策略或競爭問題交流時，極可能因母公司擁有的權份不同，使得各分公司的溝通意願呈現明顯差別。

　　總而言之，公司所擁有的跨國界競爭與防衛能力，深受其在分公司中的權份和控制力影響。

命題三：母公司在分公司中擁有的權份愈多，其跨國界競爭能力愈高。

資訊傳遞(information flow)與跨國界競爭能力

　　資訊是組織理論（Galbraith, 1977）、策略（Egelhoff, 1982）文獻中討論的焦點，在國際策略理論中也受到重視（Gupta & Govindarajan, 1991）。可惜的是，對於資訊的定義眾說紛紜，是知識（knowledge），也是消息、情報（intelligence）（Bartlett & Ghoshal, 1987）。本文中所重視的是市場與競爭者資訊，因為這些資訊對公司從事跨國界競爭來說相當重要（Gupta & Govindarajan, 1991）。

　　許多管理決策，如攻擊或防衛性競爭行動，都需要藉助正確、及時的資訊 (Porter, 1980)，公司的資訊處理能力亦決定是否能採取回應性行為以及回應速度 (Smith, *et al.*, 1991)。競爭資訊的重要性與日遽增 (Gupta & Govindarajan, 1991)，當公司間競爭於同一市場，接收、處理競爭者和市場環境資訊的能力，可能沒有顯著的差別 (Gohshal & Kim, 1986)，可是，當公司競爭於全球市場，有些在單一市場中不重要的因素，可能突然顯現，對個別公司及其採取的競爭行動產生不同程度的影響 (Robock & Simmonds, 1989)。尤有進者，因組織結構、母公司與分公司間關係差異，公司所擁有的資訊處理能力可能不同，所以對競爭者行動的洞察、理解，以及協調各地市場的能力也有影響。

　　正如Porter (1986:30-31) 所言，初至他國市場時，需移轉必要知識，並協調各功能活動；而知識移轉能力，正足以顯示公司的優勢。Gupta & Govindarajan (1991) 也認為母公司與分公司間知識的傳遞，尤其是市場與競爭資訊，是決定公司能否發展為真正具整合性、全球化公司的主因。最後，Bartlett & Ghoshal (1987) 主張消息與知識是公司成功執行全球化策略的關鍵要素。據以上說明，公司資訊傳遞能力愈強，較可能成為強勢的全球競爭者。

命題四：母公司與分公司間資訊傳遞能力愈強，公司的跨國界競爭能力愈高。

文化差距(cultural distance)與跨國界競爭能力

　　隨著公司全球化，母公司與各地分公司市場間常存有顯著的文化

差異（Schneider , 1992），這些差異對公司內部溝通、協調，以及競爭能力影響甚巨。

當多國籍公司對他國文化的體認、經驗日豐，處理各國市場營運狀況的能力也隨之增強。Schneider（1992）指出，國家文化對收集當地資料、解釋資料，以及由分公司傳遞回母公司的資料類型都有明顯影響。 Barkema, Bell, & Pennings （1996） 則發現文化障礙會阻撓組織對他國市場的學習。

考慮多國籍公司內部資訊溝通與協調時，文化角色益顯重要（Martinez & Jarillo, 1989），母公司與分公司間文化差異性將影響協調機制的功效，文化差異愈小，溝通、協調愈容易。非正式溝通的方法愈多，愈有助於增進對他國市場的瞭解（Egelhoff, 1988）。管理全球化組織時，若有建構完善的整合式溝通網絡，可適切地彙整各地市場情報，並將之轉化為全球競爭策略，諸如進入或退出市場等重大決策。

Hofstede（1980） 提出文化差距的概念，主張當多國籍公司所營運的目標市場與母國市場文化差距愈顯著，愈容易失敗。文化特質愈相近，公司對當地的競爭情勢愈能理解與掌握，成功機會較高。換言之，對他國市場有透徹瞭解，組織內部溝通、控制機制愈有效，多國籍公司就愈能協調各市場競爭策略。

命題五：母公司與分公司所在市場間文化差距愈小，其跨國界競爭能力愈高。

當地市場障礙(local market barriers)與
跨國界競爭能力

當多國籍公司於不同國家市場營運時，當地市場條件可能對整體競爭能力產生決定性影響。不同市場有不同的限制與障礙，主要導因於貿易、經濟、政治、文化與社會心理等因素 (Robock & Simmonds, 1989)，例如，各國的外商投資政策，就取決於該國的經濟發展計畫 (Robock & Simmonds, 1989)。

全球化公司面對各種經濟與政治障礙，包括地主國對外來直接投資的管制，以及干涉外商企業的運作。一般而言，一國政府對外來投資的看法愈開放，公司進出該市場的頻率愈多 (Encarntion & Wells, 1986)。Poynter (1982) 指出，公司個別因素，如經營策略對該國的貢獻性、分公司與地主國政府的關係，將顯著影響地主國政府的干預程度。Sundaram & Black (1992) 則說明地主國政府所展現的權威，對於多國籍企業競爭策略和進入模式有影響。

社會心理限制 (socio-psychological constraints) 在全球化競爭中亦扮演相當關鍵的角色，直接影響公司涉入他國的意願 (Johansson & Vahlne, 1977)。文化差距可能對管理者內心造成隱含性限制，因而抗拒進駐社會、文化規範完全不同的市場，或不願投注太多心力於此類市場中(Shane, 1994)。

當分公司所在市場設立許多障礙時，會減低公司從事競爭活動的意願與能力，而且協調各地市場、整合全球競爭活動的能力也受阻礙。

反之，障礙與限制較低時，將增加公司協調各市場行動的彈性。

命題六：地主國市場設立的障礙愈少，公司的跨國界競爭能力愈高。

當地市場分歧性(local market diversity)與
跨國界競爭能力

市場分歧性，尤其是對競爭策略的影響，過去已針對本國市場情境加以探討（Miller & Chen, 1996）。當公司間競爭於不同市場，消費者、競爭者分歧性大，可能需要採取不同的策略。多國籍企業管理者不但需要面對深具變化的外在狀況，而且為了因應市場的分歧性又必須調整組織安排，在在都突顯出挑戰性。

一旦公司走向全球化，這種挑戰將更為艱困。如上述所言，不同國家市場在貿易、政府管制、政治障礙、社會文化和經濟發展階段（Robock & Simmonds, 1989）上差異極大，而且市場結構、公司競爭地位也不盡相同。舉例來說，因各國開放程度與專利法規的差異，可能導致同一公司在不同市場中競爭地位迥異（Encarnation & Wells, 1986）。

所有國家間差異對公司整體競爭行為都將造成影響：基本上，差異愈小，公司愈容易注意並解釋競爭者的行動；面對相似性高的市場，公司也較能把在單一市場學來經驗應用至同質市場中（Barkema, *et al.*, 1996）。亦即，同質性愈高，公司在不同市場間從事協調性活動的意願與能力也相形提升。

命題七：公司所涉足的市場分歧性愈小，其跨國界競爭能力愈高。

公司——競爭者間文化差距與跨國界競爭能力

　　競爭者分析是策略文獻中相當重要的主題（Porac ＆ Thomas, 1990; Zajac & Bazerman, 1991），可藉由配對評估方式，從市場和資源兩方面，分析目標公司與競爭者間的關係（Chen, 1996），也就是比較兩公司市場和資源的相似性。在探討全球競爭者間關係，以及其對競爭活動之意涵時，特別應納入文化考量。

　　國家文化及其管理意涵已被廣泛探討：Schneider（1992）研究國家文化對多國籍公司資訊收集和策略制訂之影響；Hofstede（1980, 1993）則以不確定性的逃避程度、個體主義比較不同族群與國家的文化差距。自此，文化差距的概念在策略文獻中受到重視。Kogut & Singh（1988）發現，美商企業投資於文化差距較大的市場時，傾向採用合資進入模式。Barkema, Bell, & Pennings（1996）指出文化差距是市場進入模式的良好預測指標。至於Shane（1994）則說明文化及其導引的信任程度，對交易成本知覺和對直接投資地的選擇有影響。

　　正如Kogut & Singh（1988:414）所言，國家文化差異性將導致組織、管理實務以及員工期望的不同。兩國間文化差距愈大，組織特徵也愈不一致。有些觀察探討亞洲與西方文化差距對公司競爭方式的影響，例如，一般認為日本公司是堅毅的競爭者，Kotler, Fahey, & Jatusripital (1985) 則將之歸因於日本自然環境的匱乏，以及不屈不撓、堅忍的文化特質。不過，儘管文化概念相當重要，但競爭者間文化差距對全球化競爭的影響性卻尚未被深入討論。

　　文化差距對全球化競爭有相當重要的影響意涵，不同文化背景的公司在溝通方面較為困難，可能阻礙許多互動效果，包括如何傳送與解讀競爭訊號（Heil & Robertson, 1991; Smith, *et al.*, 1992）。競爭者間文化差距愈大，愈難瞭解對方的競爭行動與策略意圖，也可能因此減低公司跨越不同市場攻擊競爭者的動機。而且，兩者常基於不同假設與遵守不同競爭規則，導致結果的不確定與無法預測性（Hamel & Prahalad, 1990;　Porter, 1980）。在這種競爭情況下，競爭的雙方都感受高度因果模糊性，降低彼此競爭意願。總而言之，不確定性、無法預測性和因果模糊性在在限制了公司全球化競爭能力。

命題八：公司與競爭者間文化差距愈小，其與競爭者對抗之跨國界競爭能力愈高。

績效意涵

　　競爭性對抗文獻中建議，當公司行動傾向較高、回應競爭者攻擊意願較高、以及回應速度較快時，在市場競爭中有較佳的表現（Chen & MacMillan, 1992; Chen & Miller, 1994; Smith *et al.*, 1991）。多重市場競爭研究中亦發現因相互牽制效果，同時涉足多重市場的公司通常績效較好（Gimeno & Woo, 1996; Scott, 1982）。另外，全球化策略研究也顯示，無論由策略或競爭角度來說，當公司全球化程度愈高時，績效表現較理想（Johannson & Yip, 1994; Hamel & Prahlad, 1985）。

　　這些論點均建議，當公司有能力、也有相當準備進行多重市場競爭時，在全球市場中將享有較大的競爭優勢。

命題九：公司跨國界競爭能力愈高，其組織績效愈佳。

文中主要變數的操作型定義與衡量方法陳述於附錄部份。

討　論

跨國界競爭案例相當多，全球化競爭議題也在策略文獻中受到重視，不過，由於理論發展不足，研究進展受到限制。本文整合多重市場競爭、競爭性對抗、國際管理和多國籍組織等多元性研究，提出全球化競爭的理論架構。

研究取向上，主要以多重市場競爭（Baum & Korn, 1996; Gimeno & Woo, 1996）作為探討全球化競爭的理論根據，並提出一些關鍵議題，以及注意到內部組織變數，而不再侷限於公司規模、成立年限等。另外，為使理論架構更能適用於全球情境，特別納入市場變項，強調市場間本質差異性。再者，導入競爭性對抗研究（Chen, 1996; Smith *et al.*, 1992），開始重視公司間競爭的動態進展，而非只考慮相互牽制性等競爭結果。最重要的是，結合多重市場競爭與競爭性對抗兩類研究，本文提出一項全球化競爭構念：跨國界競爭能力。

除少數例外（Rosenzweig & Singh, 1991; Sundaram & Black, 1992），多國籍組織文獻中多半只探討內部議題而忽略外部競爭環境。但是，內部、靜態性分析根本無法對公司競爭行動提供建議，正如 Gupta & Govindarajan（1991）指出，過去研究多以多國籍公司整體為

分析單位，強調總體性資料，很少探究個別分公司或其運作的個別市場。由於不同國家市場間文化具有相當程度的差異，這種作法有明顯缺失。本文有鑑於此問題的嚴重性，嘗試將多國籍管理的內部因素和外部市場行為連結起來，並兼顧母公司和分公司兩層級。

同時，本文也擴大競爭性對抗議題至全球範疇，以因應愈形激烈的全球化競爭現象。並列入文化、市場變數，以進一步瞭解全球競爭者間的對抗行為。

最重要的是，本文以全球化策略、組織、文化和市場變數，以及相關理論，預測公司的跨國界競爭能力，藉由命題設定，釐清多國籍管理與全球多重市場競爭的關係，而這項議題正是過去文獻中所忽略的重點。

一般性意涵

本文提出一些研究意涵，第一，市場重要性應受到重視，因為市場是全球競爭者對抗的舞臺。除了最近部份的研究之外（Gimeno & Woo, 1996; Peteraf, 1996），過去策略文獻對公司所營運的當地市場狀況並不太重視。所謂多重階層（multiple-level）取向（Chen, 1996）與多重市場（multipoint）取向不同，可能對全球化競爭與對抗問題提供更透徹的解析。

第二，分析公司間國家文化或組織文化相似性，對瞭解全球競爭者有相當助益，不過，在目前競爭分析文獻中未受重視（如Chen, 1996），未來研究全球化競爭時，應將競爭者間文化差距納入考量。此

外，本文正式將國家文化變數，如市場分歧性、母公司與分公司關係，或分公司間關係，列入全球化競爭研究中。Kogut & Singh（1988）和 Kim& Hawng（1992）即已將文化變數導入策略研究。

　　競爭性對抗的驅動力在各文化情境下均不同，速度、序列性攻擊和回應行動是競爭性對抗文獻中強調的問題，可能因競爭所在地的文化、國家差異導致不同結果。相較於西方人，亞洲人顯得較低調、欠缺勇往直前的特質（Bond, 1995），所以偏好間接、不凸顯的攻擊方式，而非直接、明顯的挑戰作法（Hamel & Prahalad, 1990）。亞洲經理人常花許多時間在建立共識，因此，策略擬定費時許久，但執行速度快（Chen, 1995）。再者，亞洲人採長期取向預測競爭者行為，所以較可能採取一連串、小規模攻擊或報復行動，而不會一下子發動大型、嚴厲攻擊。

　　本文焦點集中於產業內競爭，鎖定全球範疇中個別企業層次，不過，所有主要概念均可應用於多重企業（multi-business）、多重國家和公司競爭研究。將理論延伸至相關研究是相當重要的，正如Porter（1985）和其他研究者所言，畢竟競爭現象發生在單一產業內，也發生在全球情境中。

　　此外，競爭不對稱性（Chen, 1996）在全球化競爭中所扮演的角色較本國市場重要，因為資訊不完全、文化分歧、國家市場特異等因素，當公司營運於全球市場時，比較容易創造優勢不對稱性，這點亦值得未來研究深入探討。

　　為便利全球化競爭實證研究，本文對各重要變數提出衡量方法。

就目前眞實世界中競爭狀況來說，此研究取向確實可提供許多實務意涵。全球競爭風潮、公司在全球競爭中付出的代價，都將促使公司積極發展優越的組織能力以致勝。尤其，可運用文中所提各相關作法，增進自己的競爭能力、保持最佳狀態，以超越競爭者，在全球市場中進行競爭性對抗。而一如本文建議，爲達此目的，必須注意目標對手的策略、組織與市場特徵。同樣地，對於競爭者所擁有的能力、可能採取的行動，無論攻擊性或防禦性，都要能洞察先機，如此，公司才可研擬妥善的全球競爭計畫和策略。

對華人全球化企業之意涵

許多西方多國籍企業均認爲，亞太地區是未來擴張的主力市場，並積極展開部署行動。西方多國籍企業之所以積極涉入亞洲市場，其實正表現跨國界競爭意圖。對亞太地區華人企業來說，爲了保衛自己母國市場，對於二十一世紀將逐漸展露於亞太市場的多國籍企業，其思維與策略，必須深入瞭解。掌握這些概念，即可解析西方多國籍企業從事市場擴張的目標及途徑。另外，體認多國籍企業發展跨國界競爭能力的策略需求，亦有助於解釋及預測對方可能採取的內部變革行動。

事實上，許多華人企業也正逐步進駐他國市場（Wang, 1992），在這些市場中，不僅遭遇當地競爭者，更面臨多國籍企業的挑戰，而發展跨國界競爭能力變爲迫不急待的要求。當然，有些成功的華人企業在本國市場中表現相當優異（Limlingan, 1996），不過，假以時日，這

些企業終究將被迫進行全球擴張。從近來全球化競爭趨勢，以及過去中國格言所稱，最好的防禦就是主動攻擊。換句話說，為求自保，必須主動攻擊全球競爭對手的母國市場。

關於這點，有一些問題值得商榷：何種組織機制（結構、程序、非正式系統等）有助於華人全球化企業發展跨國界競爭能力？何種文化特點將促進或阻礙華人企業發展跨國界競爭能力？華人企業所發展的跨國界競爭能力與其他多國籍企業所發展者有何差異？對華人家族企業來說，發展跨國界競爭能力有何組織或策略上挑戰？華人企業集團的運作模式將有助於跨國界競爭能力的發展，或是反而構成阻礙，與日本財閥（Keiretsu）或韓國巨型企業（Chaebol）相較，有何特點？跨國界競爭能力的各項驅動力，是否會因國家、文化而有別？

事實上，有些研究已觀察華人企業的跨國界競爭能力，華人文化確實影響其競爭性對抗行為，此點正可應用於全球化競爭議題（Chen, 1995）。統整是華人文化中的特點，華人企業可較西方競爭對手更擅長以整合方式進駐全球市場（Redding, 1990）。而且，華人企業非正式的網絡以及結構類型，正適合全球化競爭中彈性、資訊收集與決策速度的要求（Naisbitt, 1996）。

不過，另一方面，有些華人企業的傳統運作方式並不適用於全球化競爭情境，例如，非正式的組織型態可能不見容於以交易為基礎的社會中，因為在這種情形下重視的是法律契約而非人際信任，直接投資和所有權常較非正式、個人關係更為重要，部份研究即針對此點討論人際信任的適用極限（Fukuyama, 1995）。此外，許多華人企業習慣

於與當地政府發展鞏固關係，但是，在他國市場中這種關係可能不易
建立。而且不同國家中，企業與政府的關係不盡相同，華人企業管理
者必須瞭解這些差異，以便設計最佳策略。更基本的是，華人企業管
理者應發展真正的全球化觀點，對於目前營運或預期擴張的市場，必
須確實掌握當地狀況。至於獲得此類知識的最佳方法在於分析，不可
僅靠直覺，還要善用地主國管理者。最後，市場擴張需花時間和努力，
不是投機性短期投資就可達成的。

限制和未來研究方向

在研究取向和主題上，本文跨出重要的第一步，不過，探討對象
僅限於產業中現有的競爭者，然而基本架構仍可應用於跨越傳統產業
疆界的競爭現象。

由於本文旨在勾勒研究領域，建構多國籍組織變數與全球競爭能
力的關係，因此，全球情境中的競爭行為，只考慮了一項變數。未來
研究可針對其他競爭變數加以探討，例如市場宣稱效果 (Heil & Robert-
son, 1991)、速度 (Chen & MacMillan, 1992; Smith, *et al.*, 1992)、競
爭擴大/縮小 (D'Avenil, 1994) 和競爭強度 (Hambrick, *et al.*, 印行中)
等。同樣地，文中選出的獨變項只代表一種選擇，其他尚可考慮產業
全球化程度 (Kobrin, 1991; Porter, 1986)、資源豐沃性 (resource endow-
ments) (Barney, 1991)、決策充分性與完整性 (Fredrickson, 1984)，和
速度 (Eisenhardt, 1989) 等。

本文中所提出的相關命題，自然必須經過實證研究檢驗，以測試

變數間關係顯著性。

　　此外，文中雖假定各獨變項間完全獨立，然事實上，對跨國界競爭能力所產生的互動效果無法排除，例如，內部資訊傳遞性以及策略全球化程度愈高，將導致較高的跨國界競爭能力。

　　總而言之，此篇文章根基於相關理論，提出許多重要議題，增進了對全球化競爭的瞭解，未來研究應針對這些議題深入探討。

附錄：變數之操作型定義與衡量

　　跨國界競爭能力。跨國界競爭能力可藉由產業專家意見調查或檔案、文獻資料加以衡量，主要關於公司1.協調不同市場間競爭行動（如市場進入、降低價格、推出新產品和增加市場支出），2.針對競爭者的攻擊行為，報復於其他市場中，或3.遭受攻擊時，橫跨多重國家市場採取回應行動的能力。跨國界競爭能力也反應在某些競爭行為特徵上，如公司回應競爭的速度與行動範疇（Chen & Hambrick, 1995）。

　　公司與競爭者間文化差距。衡量公司母國市場與競爭者母國市場間文化差距，可採用Kogut & Singh（1988）、Agarwal & Ramaswami（1992）和Barkema , Bell, & Pennings（1996）所發展的指標，此指標主要基於Hofstede（1980）四項文化向度。另外一種衡量方法則引用Ronen & Shenkar（1985）所區分的九種文化類型。

　　市場障礙。Kim & Hwang（1992）提出許多衡量方式，如地主國

政治系統不穩定性、地主國政府對價格的管制等。

　　市場分歧性。衡量文化分歧性，可以採用通用的異質性指標（Blau, 1976）、Hofstede（1980）所區分的文化四向度，或Ronen & Shenkar（1985）提出的九種文化類型。此外，可分析公司在各地市場的競爭地位－市場佔有率、領導者／跟隨者等，以發展公司層次的變異性指標。最後，關於消費者和競爭者分歧性可依據Miller & Chen（1996）採取的指標建構之。

　　公司策略全球化程度。公司策略全球化程度可以公司內交易佔其國際銷售量比率（Kobrin, 1991），或以規模經濟（Porter, 1985）、產品標準化程度（Levitt, 1983）衡量之。其他衡量方法包括公司涉足的國家市場數目，以及公司主要全球競爭對手數目（*如不同國籍競爭者*）。

　　公司所有權。母公司對分公司的控制方式有多種類型，完全股權、部份股權（*股權比例不一*）、合資（*合作者數目不一*）和授權協定（*供應、製造或行銷等*）（Robock & Simmonds, 1989; Nohria & Garcia-Pont, 1991）。這些類型可轉換為間距尺度。

　　資訊傳遞。組織內資訊傳遞情形可由三方面衡量1.分公司向母公司傳遞更新市場資料的頻率，2.市場狀況與競爭資料等相關文件在母公司、各地分公司間交換程度，3.舉行與銷售量、市場和競爭者有關的會議次數。

　　母公司與分公司所在市場間文化差距。衡量母公司與分公司所在市場間文化差距時，可採用與衡量公司、競爭者間文化差距相同方式（Kogut & Singh, 1988或Ronen & Shenkar, 1985），然後將母公司與

個別分公司文化差距加以平均，得到整體公司文化差距指標。

高階管理團隊國際經驗。第一，國際功能性經驗(international functional experience)，以高階管理者掌管國際營運中各種功能、任務的平均年限衡量之（Black, 1996），第二，國際派外經驗（international assignments），可以高階管理者過去（例如三年期限內）派駐國外市場的工作時間衡量。其他則考慮高階管理團隊成員的文化、國籍和語言分歧性。

參考文獻

Adler, N. J. (1970). Socioeconomic indicators in comparative management. *Administrative Science Quarterly*, December: 453-458.

Agrawal, S., & Ramaswami, S. N. (1992). Choice of foreign market entry mode: Impact of ownership, location and internalization factors. *Journal of International Business Studies*, 23(1): 1-27.

Alexander, D. L. (1985). An empirical test of the mutual forbearance hypothesis. *Southern Journal of Economics*, 52: 122-140.

Amit, R., Domowitz, I., & Fershtman, C. (1988). Thinking one step ahead: The use of conjectures in competitor analysis. *Strategic Management Journal*, 9: 431-442.

Anderson, E., & Couglan, A. T. (1987). International market entry and expansion via independent or integrated channels of distribution. *Journal of Marketing*, 51(1): 71-82.

Asker, D., & Mascarenhas, B. (1984). The need for strategic flexibility. *Journal of Business Strategy*, 5(5): 74-82.

Barkema, H. G., Bell, J. H., & Pennings, J. M. (1996). Foreign entry, cultural barriers, and learning. *Strategic Management Journal*, 17: 151-166.

Barnett, W. P. (1993). Strategic deterrence among multiple point competitors. *Industrial and Corporate Change*, 2: 249-278.

Bartlett, C. A. (1986). Building and managing the transnational: The new organizational challenge. In M. E. Porter (Ed.), *Competition in global industries*. Boston, MA: Harvard Business Press.

Bartlett, C. A., & Ghoshal, S. (1987). Managing across borders: New organizational responses. *Sloan Management Review*: 43-53.

Baum, J. A., & Korn, H. J. (1996). Competitive dynamics of interfirm rivalry. *Academy of Management Journal*, 39(2): 255-291.

Bernheim, B. D., & Whinston, M. D. (1990). Multimarket contact and collusive behavior. *RAND Journal of Economics*, 21(1): 1-26.

Bond, M. H. (1995). *Beyond the Chinese face: Insights from psychology*. Hong Kong: Oxford University Press.

Caves, R. E. (1982). *Multinational enterprise and economic analysis*. New York: Cambridge University Press.

Caves, R. E. (1984). Economic analysis and the quest for competitive advantage. *American Economic Review*, 74: 127-132.

Cave, R. E. & Porter, M. E. (1977). From entry barriers to mobility barriers: Conjectural decision and contrived deterrence to new competition. *Quarterly Journal of Economics*, 91(2):241-261.

Chen, M. (1995). *Asia management systems: Chinese, Japanese and Korean styles of business*. London: Routledge.

Chen, M.-J. (1996). Competitor analysis and interfirm rivalry: Toward a theoretical integration. *Academy of Management Review*, 21(1): 100 -134.

Chen, M.-J., & Hambrick, D. C. (1995). Speed, stealth, and selective attack: How small firms differ from large firms in competitive behavior. *Academy of Management Journal*, 38: 453-482.

Chen, M.-J., & MacMillan, I. C. (1992). Nonresponse and delayed response to competitive moves: The roles of competitor dependence and action irreversibility. *Academy of Management Journal*, 35: 539 -570.

Chen, M.-J., & Miller, D. (1994). Competitive attack, retaliation, and performance: An expectancy-valence framework. *Stratgic Management Journal*, 15: 85-102.

Chen, M.-J., Smith, K. G., & Grimm, C. M. (1992). Action characteristics as predictors of competitive responses. *Management Science*, 38:

439-455.

Cotterill, R. W., & Haller, L. E. (1992). Barrier and queue effects: A study of leading U. S. supermarket chain entry patterns. *The Journal of Industrial Economics*, 40(4): 427-440.

Craig, T. (1996). The Japanese beer wars: Initiaing and responding to hypercompetition in new product development. *Organization Science*, forthcoming.

Doyle, P., Saunders, J., & Wong, V. (1992). Competitive in global markets: A case study of American and Japanese competition in the British market. *Journal of International Business Studies*, 23(3): 419-442.

Edstrom, A., & Galbraith, J. R. (1977). Transfer of managers as a coordination and control strategy in multinational organizations. *Administrative Science Quarterly*, 22: 248-263.

Edwards, C. D. (1995). Conglomerate bigness as a source of power. *Business concentration and price policy*: 331-352. Princeton, NJ: Princeton University Press.

Egelhoff, W. G. (1982). Strategy and structure in multinational corporations: An information-processing approach. *Administrative Science Quarterly*, 27: 435-458.

Egelhoff, W. G. (1988). *Organizing the multinational enterprise: An information-processing perspective*. Cambridge, MA: Ballinger Publishing Company.

Encarnation, D. J., & Wells, L. T. (1986). Competitive strategies in global industries: A view from host governments. In M. E. Porter (Ed.), *Competition in global industries*: 267-290. Boston: Harvard Business School Press.

Enright, M. J. (1993). The geography of competition and strategy. Harvard Business School case. Boston, MA: Harvard Business School Press.

Esty, B. (1992). Gillette's launch of Sensor. Harvard Business School case Boston, MA: Harvard Business School Press.

Evans, W. N., & Kessides, I. N. (1994). Living by the "olden rule": Multimarket contact in the U. S. airline industry. *Quarterly Journal of Economics*, 109(2): 343-366.

Feinberg, R. M. (1985). "ales-at-risk": A test of the mutual forbearance theory of conglomerate behavior. *Journal of Business*, 58(2): 225 -241.

Franko, L. G. (1978). Multinationals: The end of U. S. dominance. *Harvard Business Review*, 56(6): 93-101.

Franko, L. G. (1989). Global corporate competition: Who's winning, who's losing, and the R&D factor as one reason why. *Strategic Management Journal*, 10: 449-474.

Fredrickson, J. M. (1984). The comprehensiveness of strategic decision processes: Extension, observations, future directions. *Academy of Management Journal*, 26: 445-466.

Galbraith, J. R. (1977). *Organization design*. Reading, MA: Addison-Wesley.

Gatignon, H., & Anderson, E. (1988). The multinational corporation's degree of control foreign subsidiaries: An empirical test of a transaction cost explanation. *Journal of Law, Economics, and Organization*, 4(2): 305-336.

Ghoshal, S. (1987). Global strategy: An organizing framework. *Strategic Management Journal*, 8: 425-440.

Ghoshal, S., & Barltlett, C. A. (1990). The multinational corporation as an interorganizational network. *Academy of Management Review*, 15(4): 603-625.

Ghoshal, S., & Kim, S. K. (1986). Building effective intelligence systems for competitive advantage. *Sloan Management Review*, 28(1): 49-58.

Gimeno, J. (1994). Multipoint competition, market rivalry, and firm performance: A test of the mutual forbearance hypothesis in the U. S. airline industry, 1984-1988. Unpublished doctoral dissertation, Purdue University, West Lafayette, IN.

Gimeno, J., & Woo, C. (1996). Hypercompetition in a multimarket environment: The role of strategic similarity and multimarket contact on competitive de-escalation. *Organization Science*, forthcoming.

Golden, B. R., & Ma, H. (1994). The role of intra-firm integration and rewards in the implementation of multiple point competitive strategies. Working paper.

Gupta, A. K., & Govindarajan, V. (1991). Knowledge flows and the structure of control within multinational corporation. *Academy of Management Review*, 16(4): 768-792.

Hambrick, D. C., Cho, T. S., & Chen, M.-J. (1996). Action-making and response-taking as executive choice: How competitive behaviors of firms are influenced by top management team heterogeneity. *Administrative Science Quarterly*, forthcoming.

Hamel, G., & Prahalad, C. K. (1983). Managing strategic responsibility in the MNC. *Strategic Management Journal*, 4: 341-351.

Hamel, G., & Prahalad C. K. (1985). Do you really have a global strategy. *Harvard Business Review*, 63(4): 134-148.

Harrigan, K. R. (1985). *Strategies for joint ventures*. Lexington, Mass: Lexington Books.

Heggestad, A. A., & Rhoades, S. A. (1978). Multi-market interdependence and local market competition in baking. *Review of Economics and Statistics*, 60: 523-532.

Hofsted, G. H. (1980). *Culture's consequences: International differences in work-related values*. Beverly Hills, CA: Sage.

Hofsted, G. (1993). Cultural constraints in management theories. *Acad-*

emy of *Management Executive*, 7(1): 81-94.

Hout, T., Porter, M. E. & Rudden, E. (1982). How global companies win out. *Harvard Business Review*, 60(5): 98-108.

Johansson, J., & Vahlne, J. E. (1977). The internationalization process of the firm: The model of knowledge development and increasing foreign market commitments. *Journal of International Business Studies*, 8(2): 22-32.

Johansson, J. K., & Yip, G. S. (1994). Exploiting gobalization potential: U. S. and Japanse strategies. *Strategic Management Journal*, 15: 579-601.

Kanter, R. M. (1995). *World class: Thriving locally in the global economy.* Simon & Schuster.

Karnani, A., & Wernerfelt, B. (1985). Multiple point competition. *Strategic Management Journal*, 6: 87-96.

Kim, W. C., & Hwang, P. (1992). Global strategy and multinationals entry mode choice. *Journal of International Business Studies*, 23(1): 29-53.

Kobrin, S. J. (1991) Empirical analysis of the determinants of global integration. *Strategic Management Journal*, 12: 17-31.

Kogut, B. (1985). Designing global strategies: Comparative and competitive value added chain. *Sloan Management Review*, Summer: 15-28.

Kogut. B. (1988). Joint ventures: Theoretical and empirical perspectives. *Strategic Management Journal*, 9(4): 319-332.

Kogut. B., & Singh, H. (1988). The effect of national culture on the choice of entry mode. *Journal of International Business Studies*, 19(3): 411-432.

Kotler, P., Fahey, L., & Jatusripitak, S. (1985). *The new competition.* Englewood Cliffs, NJ: Prentice-Hall.

Levitt, T. (1983). The globalization of markets. *Harvard Business Review*, May/June: 92-102.

Ma, H., & Jemison, D. (1994). Effects of spheres of influence and differentials in firm resources and capabilities on the intensity of rivalry in multiple market competition. Paper presented at the annual meeting of the Academy of Management, Dallas, TX.

MacMillian, I. C., McCaffery, M. L., & Van Wijk, G. (1985). Competitor's responses to easily imitated new products: Exploring commerical banking product introductions. *Strategic Management Journal*, 6: 75-86.

Martinez, J. E. (1990). The linked oligopoly concept: Recent evidence from banking. *Journal of Economic Issues*, 24: 538-539.

Martinez, J. I. & Jarillo, J. C. (1989). The evolution of research on coordination mechanisms in multinational corporations. *Journal of International Business Studies*, 20(3): 489-515.

Mester, L. J. (1987). Multiple market cntact between savings and loans. *Journal of Money, Credit and Banking*, 19: 538-549.

Newman, W. H., Summer, C. E. & Warren, E. K. (1972). *The process of management: Concepts, behavior, and practice*. Englewood Cliffs, NJ: Prentice-Hall.

Nohria, N., & Garcia-Pont, C. (1991). Global strategic linkages and industry structure. *Strategic Management Journal*, 12: 105-124.

Nohria, N., & Ghoshal, S. (1994). Differentiated fit and shared values: Alternatives for managing headquarters-subsidiary relations. *Strategic Management Journal*, 15:491-502.

Ohmae, K. (1989). Managing in a borderless world. *Harvard Business Review*, 67(3): 152-161.

Perlmutter, H. V. (1969). The torutous evolution of the multinational corporation. *Columbia Journal of World Business*: 9-18.

Porter, M. E. (1980). *Competitive strategy: Techinques for analyzing industries and competitors*. New York: Free Press.

Porter, M. E. (1985). *Competitive advantage*. New York: Free Press.

Porter, M. E. (1986). *Competition in global industries*. Boston: Harvard Business School Press.

Porter, M. E. (1990). *The competitive advantage of nations*. New York: Free Press.

Poynter, T. A. (1982). Government intervention in less developed countiries: The experience of multinational companies. *Journal of International Business Studies*, 13(2): 9-25.

Prahaled, C. K., & Doz, Y. L. (1987). *The multinational mission: Balancing local demands and global vision*. New York: Free Press.

Rhoades, S. A., & Heggestad, A. A. (1985). Multimarket interdependence and performance in banking: Two tests. *Antitrust Bulletin*, 30: 975-995.

Robock, S. H., & Simmonds, K. (1989). *International business and multinatioal enterprises*. Homewook, IL: Irwin.

Schein, E. H. (1985). *Organization culture and leadership*. San Francisco: Jossey-BAss.

Schneider, S. C. (1989). Strategy formulation: The impact of national culture. *Organization Studies*, 10(2): 149-168.

Schneider, S. C., & De Meyer, A. (1991). Interpreting and responding to strategic issues: The impact of national culture. *Strategic Management Journal*, 12: 307-320.

Scott, J. T. (1982). Multimarket contact and economic performance. *Review of Economics and Statistics*, 64(3): 368-375.

Shane, S. (1994). The effect of national culture on the choice between licensing and direct foreign investmen. *Strategic Management Journal*, 15: 627-642.

Shenkar, O., & Zeira, Y. (1987). Human resources management in international joint ventures: Directions for research. *Academy of Management Review*: 12(3): 546-557.

Smith, F. L. & Wilson, R. L. (1995). The predictive validity of the Karnani and Wernerfelt model of multipoint competition. *Strategic Management Journal*, 16: 143-160.

Smith, K. G., Grimm, C. M., & Gannon, M. J., (1992). *Dynamics of competitive strategy*. Newbury Park, CA: Sage.

Smith, K. G., Grimm, C. M., & Gannon, M. J., & Chen, M.-J. (1991). Organizational information processing: Competitive responses and performance in the U. S. domestic airline industry. *Academy of Management Journal*, 34: 60-85.

Stopford, J. M., & Wells, L. T. (1972). *Managing the multiational enterprise: Organization of the firm and ownership of the subsidiaries*. New York: Basic Books.

Sundaram, A. K., & Black, J. S. (1992). The environment and internal organization of multinational enterprises. *Academy of Management Review*, 17(4): 729-757.

Tsu, A. S., Egan, T. D., & O'eilly, C. A. (1992). Being different: Relational demography and organizational attachment. *Administrative Science Quarterly*, 37(4): 549-579.

Van Witteloostuijn, A., & van Wegberg, M. (1992). Multimarket competition: Theory and evidence. *Journal of Economic Behavior and Organization*, 18: 273-282.

Watson, C. M. (1982). Counter-competition abroad to protect home markets. *Harvard Business Review*, 65(1): 40-42.

Yip, G. S. (1995). *Total global strategy: Managing for worldwide competitive advantage*.Englewood Cliffs, NJ: Prentice Hall.

Yu, C. J., & Ito, K. (1988). Oligopolistic reaction and foreign direct investment: The case of the U. S. tire and textiles industry. *Journal of International Business Sudies*, 19(3): 449-460.

Zeira, Y., & Harari, E. (1979). Overcoming the resistance of MNCs to attitude surveys of host-country organizations. *Management International Reviewz* 19(3): 49-58.

中英企業戰略投資決策異同比較

呂　源

香港中文大學管理學系

一、簡介

　　戰略投資決策（Strategic Investment Decision，簡稱SID）是關乎企業發展和增長的重要決策題目。SID一般指與生產有關的直接投資項目，分為兩大類型即對產品的重大投資和對生產過程（包含技術和設備）的重大投資。SID與常規性決策（如採購或銷售等）不同。前者不經常發生，但一旦開展，則需要大量資金、技術、人力、物力的支持，耗時長，面臨的風險大，其成敗對企業長遠發展的影響也大。而常規性決策一般重覆性強，主要關注日常經營或操作活動，涉及的資源少，比較容易控制。目前國外對SID的研究結果表明，SID決策過程有其獨特之處。第一是SID一般均受戰略計劃或長期計劃的指導，但同時又有獨立的項目決策環節，形成戰略計劃與項目管理的並行過程。第二，SID決策時間長，項目從設計、評估到審批要經過很多程序，需要大量人力和物力的投入，組織過程復雜。第三，SID決策的結果對企業乃至外部周邊環境都會發生影響，涉及企業內部外部不同單位的各自利益。因此，決策過程會出現政治化傾向，即參與單位或個人會通過各種渠道影響決策結果。

　　到目前為止，SID決策過程的研究基本局限在西方國家，而關於中國的SID研究成果較少。比較系統的有 Child 和 Lu（1996）。中國大陸的學者比較關注政府在投資決策中的作用（如鍾成勛等，1993）。本篇

所介紹的內容源於1991-92年間由英國社會經濟研究基金會（Eco-nomic and Social Research Council，簡稱ESRC）與中國國家自然科學基金會共同資助的一項比較研究項目。該項目採用案例調研的方法，系統地比較了六家中英大型企業的SID決策過程，目的在於揭示企業外部和內部環境對於SID決策活動和結果的影響。

二、中英企業的操作環境

中英企業的決策環境有很大不同，**表一**對兩者做了一個較爲粗略的比較：

大陸與英國相比，其基本政治經濟制度仍堅持以公有制爲主體的社會主義經濟模式。雖然改革開放十餘年來計劃經濟的強度大大減弱，但市場經濟的體制仍然處在早期階段。首先，影響企業決策的因素市場（如勞動力、資金、房產市場等）仍然處於早期發育階段，不能在調動資源方面發揮作用。其次，政企不分的現象依然嚴重，表現在國家對企業（尤其是國有企業）的直接干預較多。各級政府手中除了仍有較大的權力進行資源分配，還可以通過任命企業高層經理或直接行政命令影響企業行爲。另外，黨組織對大陸國有企業的控制也較強，主要表現對經理行爲的監管和對高層管理者的任命方面。

英國的企業決策環境與中國從宏觀到微觀各個方面的差異都很大。自撒切爾夫人在七十年代末期執政後，英國政府堅持實行不干預

表一　中英企業決策環境比較

	中　國	英　國
所有制	提倡國有為主，其他所有制形式（如私有和外資）為補充。	私有為主，國家股權微乎其微。
資源分配方式	國家直接干預較多（如計劃調撥或批准等手段）。	基本上由市場機制決定資源流向。
政府與企業關係	政府既是監督者，又是參與者。各級政府部門代表國家管理國有企業，同時直接控制和干預各類經濟活動。	政府奉行「不干預」政策，主要作用是監督市場和企業。
企業治理制度	各種治理結構並存。國有企業中實行廠長負責制，管理委員會為最高權力機構。黨組織在人事管理等方面有相當大的發言權。	董事會制度是普遍流行的治理結構。
市場發育程度	處於從計劃經濟向市場經濟轉軌的階段。產品市場已具雛形，但其他因素市場仍處在初級發展階段。	實行市場經濟的歷史悠久，各類市場均已成熟完善。

政策，並於八十年代初期對國內經濟進行了大規模私有化，使政府對企業的影響力進一步減弱。私有制公司的行爲主要受市場機制影響，在融資、雇佣、投資、選擇發展戰略上有很大的自主權，而政府僅僅發揮監督職能。英國公司普遍採用董事會制度，企業內部不受政黨影響，這是與大陸企業的又一重大不同。

三、SID個案比較

　　本篇介紹的是ESRC-中國比較決策研究項目。該項目共有15名中英學者參加，主要來自兩地的大學和研究機構。爲了保證樣本的一致性，研究人員從中英兩國各挑選了三家大企業，每兩家形成一對應的樣本組。每一對樣本組的工業產品相同或相近。**表二**列出六家企業的基本背景。

表二　中英樣本企業的背景

中方樣本企業（三家）			英方樣本企業（三家）		
	產品	上級主管單位		產品	上級主管單位
中一	特殊化工	中國石化總公司	英一	特殊化工	集團總部（董事會）
中二	普通化工	省工業廳及化工部	英二	普通化工	集團總部（董事會）
中三	普通鋼材	省工業廳及冶金部	英三	特殊鋼材	母公司（董事會）

　　六家企業均爲大型工業企業，中方的三家樣本企業均名列前150家全國大企業，英國三家則均爲跨國集團企業成員。在每一家企業中，調研人員與企業經理協商，挑選出近年來的一項規模較大，對企業具有戰略影響的SID案例爲研究對象。其樣本企業提供的決策個案內容如**表三**所示：

表三　樣本企業的SID個案的內容及發生時間

SID承擔的企業	中國企業SID個案內容	投資金額(折合英鎊)	時間
中一	更新改造現有化工設備	3千2百萬	1987-91
中二	擴建生產線	2千5百萬	1983-87
中三	建設供電站	3百5十萬	1981-85
	英國企業SID個案內容	投資金額(英鎊)	
英一	擴建大型反應裝置	2千5百萬	1985-87
英二	投資生產設備，增加規模	1.5億	1986-90
英三	建設電加熱爐車間	5百萬	1985-87

　　除了中三之項目外，其他SID均屬於對生產設備的直接投資項目。六個個案均爲大型項目列入長期計劃並經企業最高當局批准。因此均符合前述SID的條件。

　　自1991年至1992年期間，中英學術單位聯合組成調研小組，對每一家企業進行了逐一調查訪問，對參與過上述SID的經理進行了深入詳細的訪問，重點是了解SID過程中各類參與者的影響，審批過程、組織的關係及政府的干預等問題。以下簡要介紹研究的幾點發現。

四、中英企業SID決策過程異同

　　研究人員對素材進行分析後，將兩國企業SID決策過程的活動提出來比較。**圖一**和**圖二**對比中英兩地的SID審批流程過程。

　　結果發現，兩國企業的SID決策過程既有相同又有不同。我們先討論相同點。總的說，中英企業在SID的形式和大的決策框架方面，有很多相同點。**表四**列舉中英企業SID決策過程的類似活動。

　　六項SID案例的決策程序沒有很大差異。首先，無論在中國或英國，SID均在戰略計劃指導下進行，但同時又保持項目管理的相對獨立性。SID的項目建議一般先要列入長期發展計劃或集團戰略。然後，企業組織內成立一SID項目小組，進行具體的經濟和技術細節制定。SID的最後決策由最高當局（在中國為主管工業部、省政府、國家計委甚至國務院；在英國則為集團董事會）批准。由於SID首先要列入戰略計劃方可進行項目初評，企業經理對能否將那些有吸引力的項目列入戰略計劃十分關心。通常企業經理與上級部門會有多次討論、遊說。在中國，這種政治行為一般發生在大型企業與主管工業部之間。投資項目只要列入部裡計劃，便很有可能得到計委批准。在英國，這種談判一般發在分公司（或事業部）與集團總部之間。在整個項目審批階段（即建議、可行性審議和最後批准期間），項目小組的首要任務是協調各有關方面，以保證項目能夠順利審批通過。經理往往要與審批機構

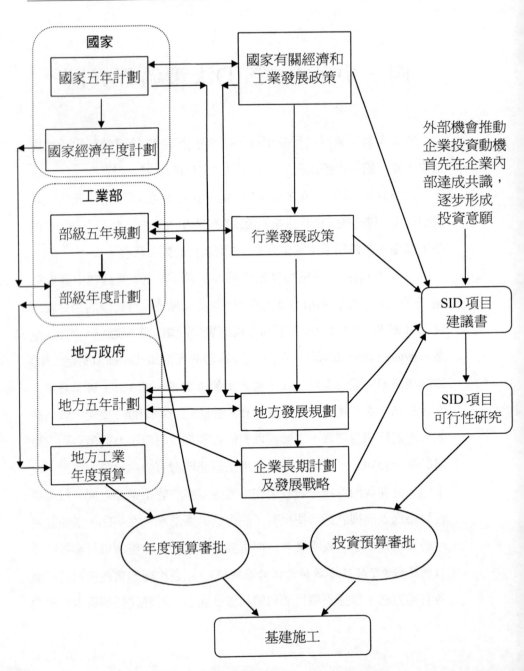

國家有關經濟和工業發展政策

外部機會推動
企業投資動機
首先在企業內
部達成共識，
逐步形成
投資意願

圖一　中國企業戰略投資決策流程示圖

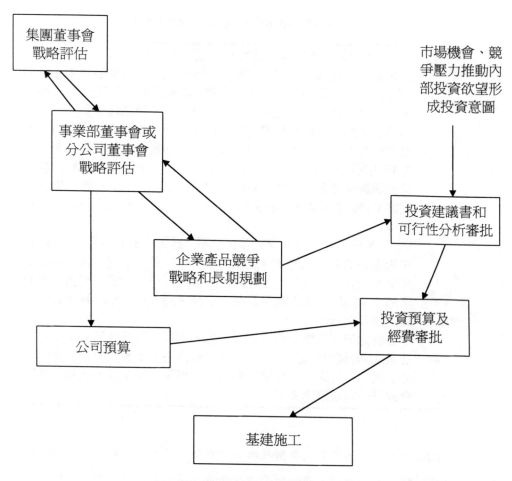

圖二　英國公司投資戰略流程示圖

表四　中英企業SID過程相同之處

1.　SID都要列入長期或戰略計劃，然後方可立項。在這一過程中，外部出現的投資機會（如某種產品短缺）或壓力（如競爭對手的同類投資）都會推動經理層達成共識，形成SID的初步設想，然後影響上級單位接受投資建議。雖然此時的投資建議僅僅是一個或數個概念的集合，並無具體細節，但是其精神本質一定要符合企業整體的發展戰略。無論是中國經理或英國經理，首要任務是爭取先將SID的投資概念寫入企業的長期計劃。不能列入長期計劃的投資建議便沒有可能進一步細化成為單獨項目。在中國，SID要受國家長期計劃的控制。在英國，SID由企業競爭和集團發展戰略指導製定。

2.　SID一經列入計劃後便進入項目立項，審批和決策過程。這些過程中的細節均由正式的文件或規則指引。中英企業對項目的審批的程序很相似，都規定項目必須經過建議/可行性評審和最後批准的兩個基本階段。項目獲得最後批准後，列入第二年的建設計劃，開始建設實施。

3.　中英企業經濟評價指標有相似之處，均以項目投資回收率為主。

4.　批准SID的權力在最高層。在中國，最高決策當局可以是企業的主管工業部、省政府、國家計委甚至國務院。而英國則由集團董事會或母公司董事會決定。

的伺服單位（如部里或集團總部的計劃科、技術科和財務科）保持密切聯繫，互通訊息，使上面的意圖能夠準確地在項目計劃書中反映。在項目建議中，企業最高領導如公司總經理或事業部董事，也常常親自出馬，與高層領導接觸，尋求廣泛支持。

　　其次，中英兩國的SID項目評價均以投資回報指標為準。中國企業參照國家計委要求以投資回報率（return on investment）為主，一般要

求ROI不低於13%，有時也考慮投資回收期。而英國企業也以ROI為主要評價指標。有的企業輔以項目贏利能力（earning power）作為補充。英國企業項目的ROI對要求較高，一般在21%～23%之間。

最後，SID均由最高當局批准。在最後批准之前，由企業職能部門（如生產、技術等）、集團或上級伺服機構及評審單位層層把關。因此SID決策頗費時日。有的項目需要數年方能完成全部決策過程。

以上的相似之處僅僅表現在決策過程的大框架方面。實際上比較**圖一**和**圖二**，我們不難發現中英企業SID決策過程具有眾多差異。這些差異主要表現在三個方面，如**表五**所總結。

對比英國企業，中國經理感到最為辣手的問題是SID審批權分散

表五　中英SID個案決策過程不同之處

	中國個案	英國個案
具體審批活動	繁雜，活動多	對比中國程序，較為簡略
參與者	大量外部組織參與，尤其是各級政府部門介入企業的SID審批過程。在企業內部，以技術部門為主	主要是內部機構參與，僅有兩例發現有政府部門參與（一為環保部門，一為城建管理部門），而且過程極為簡單。企業內部，以財務部門最為重要
評價體系	除財務指標外，技術水平，社會責任和政治影響也同樣重要	技術指標讓位予財務要求
人際關係	複雜，個人影響力很強	較為簡單，個人影響力有限

在各類政府部門手中。因此SID決策實際上是企業與外部單位的互動
過程，其結果完全在企業控制範圍之外。根據投資金額的規模，中央
和地方政府又有不同的控制底線。如按照國家計委的規定，凡屬於1000
萬元以上（國務院直屬地區和特殊地區可有3000萬元的審批權）的投
資項目都要由國家計委批准。同時要經過計委下屬的國際工程諮詢公
司評估。由於SID投資大多通過信貸融資，銀行或提供貸款的金融機構
還會在計委評估之外，進行獨立的專門審查。

　　經濟改革中的一大變化是政府職能部門對項目審批的控制增強。
這包括能源、水、電供應、環保、交通及有關社會服務體制（如消防
等）。例如其中一個案例，整個項目審批需要二百多個公章，使企業疲
於奔命。而且，負責審批項目的職能部門之間具有類似「串聯」的關
係，即任何一個部門的否決會使全部過程停頓下來，將整個過程推倒
重來。因此，企業對職能部門的審批意見極為重視，投資建議書也是
邊審邊改。項目小組一般都備有專人專車，以協調各方面的關係，對
重點部門全面跟蹤。中國經理往往引用一句術語「催批」來描述這一
過程。

　　由於捲入來自各方的部門，其評價體系也變得複雜。各個部門都
希望把自己的觀點加在投資建議書中，因此常常會出現多重標準。雖
然財務指標在計委審批時十分重要，企業亦往往強調SID對整個社會
乃至國家的貢獻。其一是著重強調SID中的技術先進性。越先進的技
術，越容易得到上級的認可。其二是宣傳項目對整個工業的模範帶頭
作用。比如其中一案例，企業在項目建議書中一再強調該項目貫徹自

力更生的原則改造設備,而且這一經驗可對整個工業產生榜樣作用。
經理們期望以這些政治上的宣傳對計委和有關部門造成正面影響。

上述複雜的投資審批體制要求項目經理有廣泛的人際關係。事實
也是如此。企業往往挑選具有廣泛社會聯繫的經理擔任項目負責人,
主管聯絡外界尤其是與地方政府部門和中央各部委的關係。當然,很
多經理指出,項目本身的質量最重要。他們認為,關係再多,項目不
好,仍然不能獲得上級的首肯。但是項目再好,如果沒有廣泛的社會
聯繫支持,企業無法預知上級意圖,或難以將自己的要求向上傳遞,
也容易導致項目審批的拖延甚至失敗。

與中國企業相比,英國企業的決策僅在其對社會或環境產生影響
時才與政府部門打交道。在三個個案中,有兩則需要得到政府批准:
其一是由於化工廠的設置排放污水需得到政府發放許可證。該項SID
最後追加投資建立一座污水處理站。另一則是因為新建廠房要獲得當
地城建部門批准。總的來說,英國經理反映與政府打交道只是例行公
事中的一部份,規則清晰,並不困難。與中國企業相比,英國企業並
不追求最先進的技術設備,而是追求最有增值效益的技術,因此技術
評價屬於次要地位,而產品在市場的銷售預測及對整個集團的競爭力
的貢獻優先。除非有特殊原因,董事會一般不會批准一項財務指標欠
佳的SID。因此,公司的財務經理發言權較為重要。

英國企業的正規化程度較高,而且審批過程也比中國企業規範。
這些因素限制了項目經理個人的影響力。英國經理的個人作用主要表
現在尋找信息及與關鍵人士建立溝通。具有經驗和廣泛人際關係的經

理能夠比較順利地與各職能部門協調。但是在英國企業中，等級觀念較強。在英國項目經理的接觸範圍僅限於事業部或執行單位，不像在中國大陸，企業經理直接與審批單位接觸。英國經理描述影響高層的語言也與中國大陸不同。他們稱之爲「推銷」（sell）。對高層（如集團董事）的接觸必須由事業部董事或相同級別的高層經理進行。另外，經理個人過往的業績至關重要。主持過成功SID的經理容易取得上層的信任和支持，而不由他/她個人的社會背景決定。

五、討論及結論

中英六家企業的SID調研發現與其他研究結果相似。如Child & Lu（1996）對六家北京國營企業1985年前後的12項SID調查發現中國企業在資源分配和項目審批上受制於計劃及政府部門，改革前後的變化是增加了政府職能部門的控制。另外，人際關係及政治因素始終是項目決策中的重要因素。

SID在西方的研究成果甚豐。Marsh及合作者（1988）對三家英國企業的SID的研究表示SID與計劃系統緊密聯繫，內部過程亦十分複雜。Butler及合作者（1993）對12家英國企業的17項SID研究顯示SID的過程複雜。SID的起因與歷史因素和企業現時經營有關財務面壓倒一切評價因素。Bessant和Grunt（1985）對英德企業的技術革新決策進行比較，發現英國企業亦偏重財務評價指標。而且政府對企業較爲支持，

干預與控制較少。

　　上述發現似乎假設SID具有其獨特合理內涵，因此基本過程或過程框架無論在任何國家均應相似，即：決策過程屬於企業戰略計劃範疇，經濟指標及投資回報要求是主要評價指標，決策過程長而且複雜，過程中正規化和非正規化行為互相聯繫補充。

　　但是，中英SID比較的差異部份又說明，在SID的具體細節及人際關係上，企業所處的環境及情景因素（contingency）會造成SID具體活動的不同。影響SID決策過程的外部情景因素表現在經濟制度的差異，政府與企業關係的不同和不同社會文化價值觀念對企業行為的影響。企業內部情景因素包括企業組織形態上的差異，如組織結構和治理制度的不同。

　　本篇報告的比較研究發現也可以由不同的組織決策理論從各種角度進行解釋。學術界在組織決策的理論中有理性理論（rationality theory）。該理論認為任何一決策均有理性內核，即企業追求經濟利益的一面。因此，決策過程的設計強調預測決策實行的結果，並最大限度地使用信息。相應地，企業的決策過程設計是為了保證對決策的預測和估算精確客觀。這種理論後來受到Simon的修正。Simon提出「有限理性」的假設，認為決策人由於受到有限信息和有限計算能力的制約，只能在決策時追求「最大滿足」，而非「最大優化」。

　　最近較為流行的組織決策理論注重組織外部因素對決策過程的影響。其代表理論為資源依賴理論（resource dependency）和制度理論（institutional theory）。前者認為當企業資源依賴外部機制時，其本身

追求理性的作為受外部控制。制度理論則進一說明組織的行為及結構均由外部「制度」決定，這一制度主要表現在政府對企業的強迫控制和組織成員無條件地接受社會行為規範。

上述三種理論都可用來解釋中英SID研究的發現。該項研究似乎證明SID的理性內涵對決策過程的總體框架具有決定影響。這種內涵即是投資者追求經濟回報的動機。因此，無論SID決策在任何國家或組織內發生，其決策過程表現出共同性（如評價標準等）。但是，決策中的具體活動則確實受週邊資源調配機制和環境制度因素的影響。這些影響主要是通過人與人或組織與組織的互動體現。例如，在中國大陸，由於國家或相應的經濟控制部門掌握關鍵資源分配，因此企業雖然是投資的執行單位卻必須按照這些部門或單位的意願行事。而在英國，由於融資渠道主要由市場機制決定，企業與外界的交換相對簡單。但是當企業投資結果可能對社會或環境產生不利影響時，外部的干預（如政府審批）也會發生。

簡而言之，中英企業SID比較研究僅是通過尋找異同探討華人管理的一種探索，該項研究仍存在很多缺陷。比如樣本企業的產權制度不同，因此國家在決策中的作用也不同。在中國樣本中，政府不單是監管控制，同時又代表國有產權所有者直接干預企業。這種產權干預在英國樣本企業中不存在。因此，調研的結果會出現由於產權結構不同而形成的偏差。

參考文獻

Bessant, J., and M. Grunt (1985). *Management and manufacturing innovation in the United Kingdom and West Germany.* Aldershot : Gower.

Butler, R., L. Davies, R. Pike, and J. Sharp (1993). *Strategic investment decisions.* London: Routledge.

Child, J., and Lu Yuan (1996). Institutional constraints on economic reform: the case of investment decisions in China. *Organization Science,* 7: 60-77.

Marsh, P., P. Barwise, K. Thomas, and R. Wensley (1988). Managing strategic investment decisions. In D. M. Pettigrew (ed.) *Competitiveness and management process,* 86-130. Oxford: Basil Blackwell.

鍾成勛等 (1993):《地方政府投資行為》。北京:中國財經出版社。

人際網絡與華人企業

周丁浦生

美國加州心理專業學院組織心理學系

二十一世紀之新型組織

　　二十一世紀之複雜產品市場，需要快速及全球化地送交多樣化之訂做產品。產品不只在形式上與功能上變化大，更要包括產品遞交及消費者參與設計等服務。廠商不僅是製造組裝，而是與零件供應、設計、工程、配銷零售等配合，成為「服務」行列中之一重要環節（Davidow & Malone, 1993）。

　　世界各國產業結構上已為適應此一未來趨向，開始有所變動。美國商界權威之《富強雜誌》在一九九五年捨棄了行用數十年之舊例，而將工業五佰與服務五佰合併為一，成為富強五佰（Steward, 1995）。身為榜首之許多大公司中，生產製造與服務已二合一，難以分辨。例如有過百年歷史之通用電器，雖以製造飛機引擎、電器、醫儀用品等著稱，目前利潤中，多過四成是由屬下通用財務中賺得。以生產球鞋出名的NIKE則是自己不設廠，公司以設計、市場推銷為主，兼跨製造服務二界。而工商界及學術對這一類雙重身份的網絡基構之高度成長率及驚人回報率非常重視。

　　被推許為二十一世紀組織設計新模式之網絡基構（Network Organization）有幾種不同的稱呼（見**圖一**）。

圖一　網絡基構之不同名稱

名稱	動　態　網　絡 (Dynamic Networks)	形　似　企　業 (Virtual Corporation)	組　合　基　構 (Modular Corporation)
來源	(Miles & Snow, 1986, 92)	商業周刊 (Business Week, 1993)	富強雜誌 (Fortune, 1993)
特 徵	1.垂直分據 　(Vertical disaggregation) 2.經紀 　(Broker) 3.市場功能 　(Market Mechanisms) 4.開誠訊息系統 　(full-Disclosure 　Information Systems)	1.卓越 　(Excellence) 2.技術 　(Technology) 3.信任 　(Trust) 4.無界限 　(No boarders) 5.洞悉先機 　(Oppertunism)	1.簡明組織 　(A lean, nimble structure) 2.核心能力 　(Core competence) 3.外包制度 　(Outsourcing) 4.捷足先登 　(Trendy Products)

　　上述三種名稱都是指一個基本簡明之組織設計。公司企業只專注於核心能力，而將本不熟練精通之業務以外包制度批給網絡中的夥伴公司。動態網絡與形似企業二者含義較窄，指流動性大，不恒常之組織模式。個人、資源及識智技術，因外界需求而連鎖聚集，當任務完成後就可解散，此二種網絡基構之特徵適用於創新快速、變化大、需求多樣化、生命週期短之市場需求，所以充斥於電腦通訊業、基因科技、電影、唱片、時裝、玩具等行業中。而組合基構一詞之定義較廣，除了動態網絡外亦包括固定網絡，指核心公司與外圍公司，由原料供應、零件生產至配銷零售之一套分工合作、財務獨立之完善產銷體系。

這種模式可以應用到傳統之汽車製造業（如豐田、福特、通用等）或新興之速食業（如麥當勞等）。[1]

　　網絡基構之興起原因有下列數項，除了上述製造與服務業合而為一之大勢所趨外，更是針對基構規模上之缺點而產生的變通。許多鉅型基構有高深技術、生產量高等優點，但經營成本高、面臨改革時反應遲緩。小型基構恰恰相反，雖然技術水平低、資本有限，但有靈活彈性，能迅速對外界環境變化作出反應，網絡基構能具大、小基構規模之長，以合縱連盟來達到既有「規模」亦能有「彈性」之優勢（O'Toole & Bennis, 1992）。

　　策略連盟與外包制度盛行與網絡基構之崛起是回應。當今科技發展之快速與國際競爭之劇烈，使沒有一家企業公司能私夥（In-House）擁有所有的識智或科技。如日當中之微軟（Microsoft）受新興之網景（Netscape）之威脅，在網上傳媒界未能提供獨家之產品服務，為了本身在電腦傳播行內之優先地位確保不失，微軟不得不與Sun Microsystem聯盟。這種以合作方式來爭取競爭優勢的趨向，使競爭不再是公司企業間強項與優勢之比較，而成為錯縱複雜之網絡集團與集團間之鬥爭。研究國際競爭優勢之學者，可引用網絡基構概念來詮釋工業發展上之區域性集聚（clustering）。更可將之應用到國家經濟之發展模式上，例如日本企業組財宏勢大，左右政治國情，是為聯盟式資本主義

---

[1] 網絡式基構之特徵見Byrne （1993）、Davidow & Malone （1992）、Miles & Snow(1986, 1992)、Nohia & Eccles (1992)、Snow et al. (1992)、Tully (1993)；此一組織設計之缺點見Chesbrough & Teece (1996)。

（alliance capitalism）。[2]

網絡基構之管理經營

　　網絡基構被視爲組織設計上之新模式，其管理上亦是否要新的管理概念呢？許多學者在這方面已有理論著作發表。義大利學者羅論宗（Gianni Lorenzoni）與貝傅勒（Charles Baden-Fuller）在《加州管理研究》發表一篇有關網絡基構之論文，備受各界重視。羅氏在歐洲甚有名氣，致力於研討網絡基構凡二十餘年。其理論概念有兩個重點：第一，世界上許多公司企業都是戰略性網絡（strategic network）；第二，策略中樞（strategic center）是網絡中群龍之首之公司廠商。一如**圖二**所示，許多著名之戰略網絡分佈世界各地，涉及許多行業。羅氏研究多年，是以策略中心與網絡環節間之交往爲單元。[3]策略中心要號召群雄時，牽一髮而動全身。因爲網絡本身就是戰略，一如手之正反面，二而爲一。羅氏之見解頗有新意，但是要得其眞髓，需要實徵資料之佐助。本文以南加州之金士頓科技爲個案，從中探討人際網絡在

---

[2] 近年學者多倡以合作（連盟或網絡）方式來獲取競爭優勢，如 Porter & Fuller(1985)、Bartmess & Cerny (1993)、Kantor (1994)；地域性集聚、工業組與國家競爭力之關係見 Porter (1990)、Gerlach (1992)；電腦傳播Internet中圍門圍，網對網之現象見 Ferguson (1992)、Gomes-Casseres (1994)、Hagel (1996)。

[3] 本文所採用之羅論宗概念見 Lorenzoni & Bader-Fuller (1995)與一篇專訪 Hoskisson (1996)。

華人企業中之重要地位。

圖二　世界著名之戰略網絡一覽

基構名稱 所屬行業（國家）	基構核心能力 （策略中心）	網絡環節之業務
BENETTON 成衣零售（義大利）	時裝設計、配售系統、財政、研發	6,000專銷零售店，400代製廠商，與世界各地公司合資
GENETECH 基因科技（美國）	發明、科技、生產	與藥廠合資以生產及配銷，與大學合作專利
麥當勞 速食（美國）	市場、推銷、產品開發、管理系統	9,000餘連鎖食品店，與世界各地公司合資
NIKE 球鞋、運動裝（美國）	設計、市場推銷	代製廠商分佈世界各地
任天堂 電子遊戲（日本）	設計、產品開發、市場推銷	30硬件代製廠商，150軟件設計代理
豐田 汽車（日本）	設計、組裝生產製造、市場推銷	300餘代製商，負責主要零件生產

Source: Lorenzini, et. al. (1995)

個案研究

金士頓科技（Kingston Technology）創立迄今不及十年，曾數年連

獲選爲美國成長率最高之公司。目前每年之營業額已超越美金十三億。這種奇蹟式的崛起，轟動全球的財務、電腦、資訊業。金士頓的二位創辦人杜紀川及孫大衛亦備受傳媒界注目。從《新聞周刊》、《經濟人》、《華爾街日報》、《富強雜誌》到《商業周刊》都曾爭相報導金士頓之傳奇業績與傲人成就。[4]

背 景

　　金士頓科技在消費者心目中非常陌生。原因是它們的產品專供應給配銷商，再經由不同的銷售渠道（零售、郵購等），才運送到終端使用者手上。金士頓的產品最主要的個人電腦記憶體的延伸加強板，目前佔有全世界百分之六十之市場。除此之外，金士頓亦銷售貯存機與處理機的加強與延伸及工作站的網路卡（見**圖三**）。金士頓科技的總部設在南加州的芳泉谷，目前有四百八十位員工。一九九三年美國《新聞周刊》倡先稱許金士頓爲Virtural Corporation，並推崇其可爲美國工業界的模範（Meyer, 1993）。

---

[4] 金頓士科技個案之資料，除作者在一九九六年九月所作之實地訪問外，亦取材於PC Week (1994)、Forbes (1994)、The Economist (1995)、Fortune (1993)、INC. (1992)……等雜誌。金士頓已於一九九六年八月售出百分之八十股權給以日本Masayoshi Sun爲首之軟銀集團（Softbank）。

Kingston's Business Model

The Kingston business model of the computer industry in shown in the following diagram:

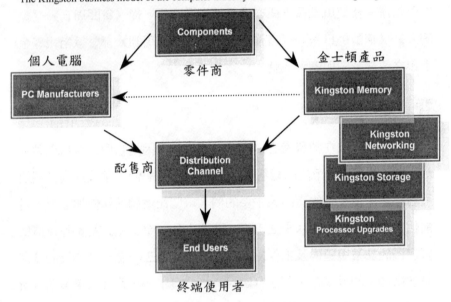

圖三　金士頓之作業程序

市場領域

　　PC電腦記憶貯存系統最基本的單元是DRAM（動態隨機存取記憶體），亦是金士頓記憶加強版的原料。出產電腦記憶體的公司廠商如IBM等不做記憶體延伸加強版。因為製造記憶體的產量動輒以數十億矽片計，以量取勝（economie of scale）。金士頓的產品有一千五百多種，要按不同廠牌電腦提供各形式的輔助產品，種類繁多而數量少，

完全是以幅度取勝（economie of scope）。換言之，金士頓的競爭形勢上，供應商要分一杯羹的機會，幾乎等於零。

　　製造PC的廠商，只生產套裝產品，亦是以量取勝。嚴格來說金士頓生產的只是配件，價格由數十美元到數仟美元均有，多數是依客戶的特殊要求而訂做（customizatoin）。電腦製造商不做這類生意主要因為終端使用者要求每人不同，轉變亦快，市場上需求供應很難掌握，只要專攻大量生產，無心亦無力插手記憶加強功能。對市場消費最瞭解的是大電腦配售商（distributor）及電腦系統使用者（如EDS）。這些公司只屬服務業。既使有心進入製造業做記憶體的配裝，要在運作效率上及定價上遠較金士頓為優絕非易事，只好拱手讓賢，成為金士頓的主要客戶。金士頓競爭對手不少，其中最大的一間規模不及金士頓之一半，而且客戶對象只是中小型盤商，和金士頓並不正面交鋒。金士頓就是在這種競爭優勢中，雄霸個人電腦市場中一個未開發的地帶，打出自己的天下。

戰略網絡與策略中樞

　　金士頓科技的市場領域（market niche）因隨個人電腦軟件業的蓬勃發展，對記憶系統能量的高度要求而情勢大好。要打進這個市場的阻礙（barrier of entrants）實際上並不是很深嚴，既不需資金雄厚亦不需高度科技。兩位創辦人亦是由家裏的車庫中開始做這行「一點學問

都沒有」的生意。[5]照理說，這狹窄的市場，應是行家聞利而蜂擁而來搶灘這個市場才對。為什麼金士頓能獨領風騷，屹立不倒，反而生意愈做愈大呢？要瞭解金士頓的成功奧秘，必須從它是一個戰略網絡開始。網絡內的各環節（供應商、組裝生產商、配銷商等）關係密切，配搭天衣無縫，組成聯合戰線，壁壘峻嚴，外人不易攻進。換言之，要打入這個市場，要鬥的競爭對手不僅是金士頓，而是整個網絡。而金士頓就是這個網絡中呼風喚雨的龍首，亦即羅論宗（Gianni Lorenzini）所謂的策略中樞（strategic center）。以下的討論分為四節，將策略中樞的功能特徵分別詳述。在一節中首先介紹羅氏的理論概念，再配合金士頓的個案實例加以闡明。

洞悉先機 (offer superior idea of growth)

歐美工商業的新興勢力，多數眼光獨到，有新的意念及生財之道來導引高度快速的擴展。其成長率之高因為不受資金流轉的侷限。做為策略中樞，不須注入資本，財政資源多由眾夥伴分擔。真正的關鍵在於作群龍之首的公司，在有財大家發之前題下運籌用策。

金士頓的發跡神話始於一九八七年。[6]當年全球DRAM奇缺，SIMMs供求失調。老闆之一的孫大衛靈機一動,把一種廉價而不缺貨的SORS＋DIPs改裝，功能無遜於當時買不到的高價貨。他和杜紀川合夥以一萬美金的資金開始，試做些樣品給配銷商。想不到這種談不上是

---

[5] 台灣記者張愛美之訪問資料，見《商業周刊》（1994）。
[6] 金士頓老闆杜紀川之專訪，見ICON（1995）。

科技的產品，反應絕佳，有電腦公司捧著現金來訂貨。自此一帆風順，形成了當今的金士頓王國。金士頓自己並不設廠，記憶版的組裝製造由三間工廠分擔，Express為其中之一。一九八九年時這間廠只有一條組裝帶，在一九九三年時已擴展到有二十五條。每一條生產用的組裝帶的成本要二十五萬美金，全是Express自資建造。這筆為數超過四佰萬美金的擴展本錢，Express肯自掏腰包擔承下來。一則是瞭解這一行前景光明，產品有利可圖。二則當然是有金士頓的長期承諾。身為戰略網絡的一份子，Express現今也做別家公司的生意，但是金士頓仍為主客，有優先權，金士頓有貨要趕，別家的生產就要押後。三間廠中最大的一間廠名Superior，目前有一仟名員工，規模遠較金士頓為大。

　　戰略網絡內的眾夥伴唇齒相依，會相互提供意見，力求上進。金士頓圍內公司中，有一個扮演較次要角色的環節——供應包裝紙盒的廠商。它要做金士頓的生意，就會幫金士頓著想，解決難題。一般紙盒供應商只是平面地，貨送到金士頓後，要僱人將之摺起，費時費力。這廠商自動提議，紙盒由他們代摺，每天多幾輪送已摺好的紙盒到倉庫。金士頓的員工只需放貨入盒便可。這種兩全其美（win-win）的建議使金士頓省了空間、員工薪金，使工作更有效率，而紙盒公司亦多了進賬。

高瞻遠矚 (maintain relatoinships over time)

　　戰略網絡的適應調節是多軌道同時進行。金士頓身為龍頭，不因夥伴資產被限做特定用途而取巧圖利，反而將眼光放遠，運籌用策時

兼顧大局，要網絡內各環節大家得益。做拍檔的各廠商亦相互扶攜，使網絡有彈性、靈活及反應快。

　　金士頓科技的主要原料DRAM供應商有IBM、MICON、MOTOR-OLA；日本的東芝、日立和韓國的三星等。老闆孫大衛親口說：「如果買某一家供應商太多貨，要顧及其他家供應商不高興。我往往會直言，告訴某某廠的營業代表，你們的貨素質低，價錢高……等等。而不玩遊戲，讓眾廠商不必相互殺價來爭生意。」今年一月起DRAM的價格直線下跌，最慘時期跌幅有九成，眾供應商都焦頭爛額。金士頓與眾廠商間有「保護價格」的協定，但是市價晨夕變幻，反覆太大。金士頓有時一單交易要虧損一百萬美金亦肯擔下來，目的是不要落井下石，讓對方難做。資訊電腦界素以只顧市價及只認今天的交易而著稱。金士頓肯挨義氣是鳳毛麟角，十分難得。金士頓注重的是長遠之計，當金士頓有急需之時，這些夥伴廠商必施以援手，不會袖手旁觀。這種雙方互惠關係發展到金士頓將數以萬片計的貨，貯存在原料商貨倉。當十萬火急要趕貨時，原料商的營業代表早已自己坐飛機去貨倉提貨，下午親自押送原料回來，直接將貨送組裝工廠中，完全不需金士頓費心操勞。

訊息靈通 (exchange information) [7]

　　戰略網絡內，訊息（information）是膠水，是環節間凝結的必要元素。策略中心要負責使眾拍檔擁有同樣的知識及情報。訊息透明度高時，各環節相互溝通連絡極爲方便，減少了誤會及隔閡。而網絡內坦誠佈公的好處是各環節知此知彼，一遇突發事件時，交換情報訊息快速，使集體的應變力極爲高強，絕無不合拍或脫節現象。

　　金士頓是處於訊息密集，科技尖端的行業之間，能佔有全球同類產品百分之六十以上的市場，訊息靈通首居其功。作爲戰略網絡的策略中樞，傳播訊息有幾種方式（Baker, 1992），分述如下：

1.作業溝通 (task commumication)

　　金士頓每天早晚送二批貨去位於加州的大客戶Ingram Micro。位於美國東岸的配售商Gates FA，則是每日來訂單，第二天他們處於中部的貨倉就會收到由快遞而來的產品。這種金士頓稱爲just-in-time的供貨制度（亦稱邏輯logistics），使大配銷商可以準時迅速的使貨品流通而不用大量囤積。使因銷售預估失誤，商品滯銷而虧損的機會減到最低。配銷商亦因存貨不必受制於來貨價格，而可跟大市靈活定價。這是大經銷商一定要與金士頓做交易的主因。

---

[7] 學者Burt首創社會本錢（social capital）概念，認爲個人（actor）在做生意時與關鍵人物間之人際關係遠較財力與人力（financial & human capital）更能取得競爭優勢。主因是人際社會關係是訊息之來源（access）及可獲獨佔訊息之好處（information benefit），見Burt（1992）。可惜理論深澀，難以普及。

2.交換情報 (advise-giving; advice-taking)

　　原料供應商的營業代表常駐金士頓，出入自如，對金士頓每日銷售的統計數字瞭如指掌，全無界限與隔閡。這類情報可使記憶體的生產、價格與用途上更與用家配合。金士頓有時亦主動對供應商提供對DRAM開發上的意見。原料商更時時供應獨門專有的貨，使某牌子的電腦推出之同時，金士頓馬上有補充加強產品來搭配，這亦是大客戶經銷商樂於與金士頓打交道的原因。

3.公餘社交 (informal socializing)

　　金士頓的高層與大客戶吃飯、打高爾夫球是重點活動之一。和其他戰略網絡中夥伴，亦在工作外有頻密的社交來往。去年金士頓曾主辦了一次花費甚鉅去阿拉斯加的釣魚活動，目的是想大家可以bonding。冰天雪地中，凡俗盡消，參與者可以有時間瞭解對方，增加信任。

創業精神 (entrepreneurship)

　　戰略網絡的優點之一，是各環節都是獨當一面的公司廠商，雖然規模大小不同，但術業各有專攻。網絡內並不僅是減少了監管協調費用，反而每一環節都曾身臨百戰，受得市場交易上的考驗。更加上每公司廠商都有創業精神，肯冒風險、肯投資，來搏取競爭力，所以每一環節者有核心能力。策略中心在推動生產程序改革、投資擴展、技術轉讓等活動時易有績效，亦使整個戰略網絡有極高的創新力及應變力。

金士頓科技自己不設組裝工廠的原因是是不熟不做。管廠與管公司不同，員工薪酬、福利有距離，人事上要兩套制度，戰略系統中的廠商是廠家，專做這一行，更懂如何求最高的績效。金士頓專注於基構核心能力（core competency）[8]有服務、速度、品質三項，分述如下：

1.品質

金士頓一反同行抽樣測試之常規，對每一件產品都施以全面檢驗，所以出品素質穩定，口碑甚高。金士頓並有二十四小時熱線電話服務，各大小經銷商若對產品有異議，金士頓未在有退貨之前已將新的補替品寄出。

2.服務

一如前述，金士頓產品以幅度取勝，凡是客戶有任何與記憶貯存延伸有關的疑難，金士頓都可代為解決。老闆之一的杜紀川在*Forbes*雜誌的一篇訪問中提及，如果金士頓做不到，亦即是沒有人能做得到。

3.速度

金士頓不僅是可以提供別人做不到的商品，而且在解決疑難的速度上較任何人都快。新聞周刊在報導金士頓時，有這樣的一段故事。美國洛杉磯市的花旗銀行經某零售商買進數百台個人電腦，在星期二安裝試用時發覺記憶功能要補強，某零售商求教於金士頓，從由零售商處取料，到工廠中抽起其他工作為這單生意趕貨，再驗貨、送貨、

---

[8] 基構核心能力之理論與概念，見Hamel & Prahalad (1994)。

到配裝一共三天，星期五這整批電腦已經投入銀行服務行列。這種速度是無可比擬，亦是金士頓遠勝競爭對手之處。

兩位老闆及高層人員均是十分謙虛，認爲金士頓的基構能力，只是「誤打誤撞」得來。創業之初，爲了爭取地盤，客戶大小不拘，訂單多少通收，沒有想到生意愈做愈大，有今天雄霸一方的局面。

以上引用義大利學者羅論宗的策略中樞概念來分析金士頓科技的成功原因。羅氏論點第一強調要以戰略網絡爲研究單元，從這種全面的觀點出發來探討策略中心與眾環節間非同小可的關係。羅氏理論的第二要點就是作爲策略中樞的公司廠商（例如金士頓）要統領群雄，必須要能洞悉先機、高瞻遠矚、訊息靈通及創業精神方始有成。但是網絡基構是一介於市場與公司間的新組合模式，在監管統合上又是否有新的需求呢？（Gomes-Casseres, 1993; Norhia & Garcia-Pont,1991; Perrow, 1992）

人際關係與網絡基構

成功的網絡基構必須奠基於良好的人際關係。鮑偉（Powell, 1990）認爲網絡基構之崛起是因爲交易及資源調配上需要新的模式。哈佛商學院的包達可與股考立（Bradach & Eccles, 1989）持同樣的論點，認爲經濟交易過程中有三種監管機能存在：一、市場價格（price）；二、公司權威（authority/hierarchy）；三、信任（trust）。信任是人際行爲，

雖然經濟歷史學家朱克（Zuker, 1986）認爲信任可以是制度上的信任（institution-based），威廉遜認爲信任是關係性契約（relatoinal contracting），是由於重覆交易遞增而穩固地。[9]但是無可否認地，交易、市場、公司等都是人的經濟行爲的產物。而網絡基構的存在及經濟學反璞歸眞，回歸到以人爲主的行爲研究。[10]人際關係對網絡基構之重要性，可由下列三項因素來闡述。

一、識智資源 (know-how) 之調配

知識智力密集的職業（創作、設計、分析、研究、發明）並不依賴物質資源（資本、土地、廠房、原料）。而知識多聚存在個人頭腦中，很難形式化及固碼化，而使資產固定性減低（low asset-specificity）。調配及運用識智資源不能依賴公司之監管指令，亦不能全靠市場需求供應定律使價高者得。經濟交易不僅要講求方式亦要選擇對象。威廉遜亦是經濟學家中力主不同的產品及服務要有不同的交易方式。[11]網絡基構中分享重要訊息情報，環節間相依相輔，有共同價值觀，幫助個人及基構提升技術優勢與質量水平。以人際關係及信任爲監管模式之網絡基構，特別適合於識智資源之調配運作，亦是利用科技發明及新意念之最佳途徑。

---

[9] 這一方著作繁多，見Thorelli (1984)、Bradach & Eccles (1989)、Powell(1990)、Charan (1991)、Nohia & Garcia-Pont (1991)、Perrow (1992)、Ring & Van de Ven (1992)、Handy (1995)

[10] 見余赴禮（1996）。

[11] 見Wells, 1992。

　　金士頓的二位老闆創業是靠對DRAM的市場供求情形瞭如指掌。這種know-how是浸潤在這一行多年而得的經驗。金士頓之前二位亦開設過克民頓公司（Camintonn），專門供應DEC的記憶功能升級的裝置，後來賣給AST。換言之，二位洞悉先機，獨具慧眼的能耐絕非僥倖得來。

　　據金士頓的財政總監透露，公司內部沒有運作指南（operating maunal），做生意（每月有超過一億美金的營業額）的知識、經驗都貯存在公司成員的腦海中，萬有一人辭職不幹走了，就會帶走了很多的know-how，可幸的是金士頓多年來員工流動性極小，低於百分之一。這亦是金士頓非常著重員工花紅福利之主因。金士頓的團隊精神及創業士氣近年來因規模急幅膨脹而受到威脅，所以公司中近年來對企業文化亦甚注意，有mission statements等的釐定。因為物質上的利誘自有其缺陷，員工的向心力及歸屬感是要自動自發方是真摯地。金士頓的一位要員認為這麼多年來，公司從未遇過一次搶劫事件（在南加州及電腦行業中是家常便飯，而公司遇劫、被搶，很少是偶然，而有「內鬼」的機率大），這可以是「金士頓文化」有成效，公司可以引以為傲的一例。

二、分秒必爭的行業 (demand for speed)

　　目前科技發展一日千里，要創潮流之先河及獨領風騷絕非易事。網絡基構特別適合要求創新（innovation）及供應訂做產品（customized products）等分秒必爭行業之主因是其訊息傳播及分析之能力。任何公

司中專業人士要作決策時，從市場中獲得的報導及消息往往不定，要分辨流電與機密訊息很難，亦不準確。換言之市場所獲之訊息信度（reliability）低，不足以支援好的決策。公司中由權威及指令式督導來準確的估計，但是由於設計上科層架構（bureaucracy）的局限，訊息在層述上遞時一則屢傳失眞，二則費時失效，使高層作決策時受影響。

網絡基構在訊息分析上有獨得之處，主因是其設計上縮短了垂直（內部自下至上）、橫面（行業間由原料、生產、配售至家用）及空間（不同地區、國家）等之界線。而網絡網路內、外的開誠佈公及以誠信待人的交往使訊息之傳播不僅是快速而眞確。

美國的INC.雜誌用金士頓作封面時褒獎其爲「建立在速度上」（build on speed）。金士頓出新產品之決策過程不超過一週，來訂單到出貨不超過一天，客戶要求更改在十分鐘內可以得到肯定答覆，運作上貯存貨及原料不超過四天。以上都是金士頓可以在這分秒必爭行業立足的本錢，但是怎樣能獲取達到這種成就呢？

金士頓對外以戰略網絡來搭通天地線，使其對分析全盤大局、行情走勢及了解各競爭之來龍去脈上佔有優勢。原料供應商Motorola的營業代表說：「我作這一行十五年，從未見過金士頓這麼好的客戶。我將百分之四十的時間及精力放在這個客戶上」，這位Burns先生所供給的訊息，其可靠及準確性自不容置疑。

金士頓的內部結構上是非常平坦，沒有層次，沒有內部公文。老闆之一的杜紀川認爲：「這樣做事不用上報，大家可以馬上做決定」，而且公司內訊息透明度大，所以「大家都不怕犯錯，因爲大家互相信

任」。金士頓要員許先生認爲缺乏嚴謹制度化的優點是應變力強。舉例
而言，金士頓不做Material Requirement Planning，因爲MRP太慢，要
注入種種的事前指標才有結果，金士頓是靠專家的眼光與經驗，靠事
後指標，每天晚上點數今天造了多少貨，送出了多少，經理再修正做
明天的銷售預測。這種方法簡單、快捷而且每天調整，可以適應市場
暴起暴跌的重大變動。以上諸例可以證明金士頓二位老闆在受傳媒訪
問時口口聲聲「公司成員及客戶關係是我們最大的資產」時，是眞心
實話，而非人云亦云。

三、重信用的社會情境 (trust & social contexts)

　　學者發覺美國的建造業、出版業、唱片業、電影業中，盛行形形
式式的網絡，並且業中同行的規範不靠契約或公司權威而是依賴人際
關係及信用。原因是這些整體作業 (project-based) 爲主的行業中，創
作意念、智力財產等較抽象，而成敗所涉及之未知因素太多。萬一毀
約或取巧詐騙事件出現，要靠打官司來取得公道，幾乎是不可能的事。
在西德、義大利及日本的研究中亦發現網絡基構極爲普遍，並多以信
用來監管經濟交易行爲。

　　網絡基構中信用名譽的重要性可歸諸於基構商業上的地位與聲
望，與成員的身份角色是不能分割的。維護商譽及制裁違信不能單靠
法律，而要靠社會中種種複雜的功能——諸如同行、鄉親間的排斥杯
葛，職業公會的開除會籍等等。所以網絡基構中，愈是有相同背景愈
易成功。這些背景多是社會性的，諸如同文同種（世界鑽石行業爲猶

太族所把持是為一例），同地理環境（義大利工業區，美國高科技聚在矽谷，電影業聚在好萊塢），同宏觀經濟傳統（日本、德國工業組盛行因為缺乏反托拉斯法例）等。現今企業全球化的挑戰，更助長了對以信用與人際關係來監管經濟行為的依賴。因為跨國企業熟悉各地法律商情不易。在法理彰召的社會中要監察合約之符合履行費用高昂。在若干開發國家（例如中國）法律保障根本談不上，唯一可靠的是信用及人際關係。

　　金士頓的市場是全球性地，在美國所有的大客戶都是美國大配售商。老闆孫大衛對《新聞周刊》透露自己公司內一位律師都沒有，做生意是握手為盟，靠合作愉快來重複地多次做夥伴，在戰略網絡站取同一陣線。但耐人尋味地是同一網絡內最有資格對金士頓龍首地位產生威脅的是三間組裝廠。但是三位老闆却都是華人，與金士頓兩位老闆同撈同煲，從籍籍無名做到今天的大生意，會有「取而代之」念頭之機會微乎其微。金士頓做生意講信用及善用人際關係不囿限於戰略網絡的圍內人。其最大的競爭對手（competitor）是一間名為Viking的公司。其老闆是孫大衛的朋友，二人常一起打高爾夫球。這間公司的營業額每年約三億美金，和金士頓客戶渠道不同，以零售商為主。有一次孫大衛免費送了一個設計給他們，幫助扶持對方凡三星期之久。金士頓內部嘩然，質問老闆為什麼要這麼做。孫大衛的解釋是金士頓有恩於Viking，萬一將來在自己作業（chip configuration）上有急需，可以行家過貨。這種做生意的手腕，眾人心服。[12]

---

[12] 孫氏之手腕，用最新流行的概念是copetition，這種亦敵亦友的策略在電腦通訊

　　以上是探討作為市場與公司間的網絡基構如何以信任及人際關係來監管統合。換言之，在㈠識智資源之調配；㈡分秒必爭的行業中；及㈢重信用的社會情境下，以市場價格或公司指令都不是最有效的監管方式。這是以信任及人際關係為主的網絡基構崛起之主因。由金士頓科技的個案中可見網絡基構之運作，實質上，是對內依資源及能力精細地分工合作，對外則適應外在市場及早作出全盤應變。由於外在環境波動性極大，生產程序上分秒必爭，需要非常大的彈性，人際網絡應此而生。以上個案研究中以鮑偉（Powell, 1990）所提之情境因素為主，來說明網絡基構之閾限狀況及適用情境。將此情境此取向及羅論宗的策略中樞取向相配，可以擴大網絡基構模式之全面性。

人際網絡與華人企業

　　西方主流經濟學及企管學中，有的只是市場理論及公司理論。這種現象是秉承了西方（尤其是英美社會中）以法律契約為經，以需求—供應為緯所訂下的經濟活動範疇。這種觀點使學者們對非西方或非英美社會中之商業演化與經濟發展的詮釋往往以偏概全，不足令人信服（Biggard & Hamilton, 1992）。社會學、人類學、政治學以及若干宏

Internet等行業非常通行，如微軟及網景都用Sun Microsystem的JAVA，目的是共榮（co-evolving），使所處之整個環界ecosystem繁榮壯大，生態蓬勃，見Moore（1993, 1996）、Dowling et al. (1996)。

觀經濟學中，對網絡基構及東亞企業組的崛起與績效較爲肯定。更因此強調經濟行爲不能脫離社會的文化、歷史、傳統與制度而獨立。

　　羅論宗以義大利之戰略網絡爲研究單元時，強調中古時代起伊密利亞省及巴隆拿市就有地區性的網絡，而絲綢與紡織等行業多以戰略網絡方式組織起來。絲、棉、羊毛等之原料商是主要的策略中心，其親屬家族致力於製梭、紡織、漂染、印染等。這種型模，一直延續至今，在製衣業中仍然十分普及，Benetton即是其中之佼佼者。但是網絡基構在義大利盛行，除了歷史背景外，與某些社會—經濟因素有關（例如家族主義昌旺、證券市場未能高度發展等），加上苛嚴的勞工法例，助長了中小型企業之蓬勃發展。由於家族企業在規模上往往不足，更加上國際競爭上需要創新及科技，戰略性網絡應此而衍生，久而不息。以下著重探討人際網絡在華人企業中之重要性，分由歷史淵源與商業策略二方面分述。

歷史淵源

　　學者研究十八世紀中國社會時，發覺清朝在乾隆皇帝當政之數十年間，商業繁榮，工藝業發展。而中國版圖廣大，南北各地國民生計並非劃一，商業經濟活動非常區域化（microregions），依地理天等可分爲九區（以奉天爲主之關外區、冀魯、兩湖、兩廣、江浙、雲貴、鄂陝、四川及閩南）。藍葵因與阮恩奇（Naquin & Rawski）發覺每區以一主要城市爲通樞鈕，成爲區域性之商業活動集聚之處。冀魯區雖爲京朝所在，但農產貧乏。棉花是主要資源，故有小型家庭式之紡紗及

織布業。加上黃河時時泛濫，使此區民生較爲艱苦。以漢口爲主的兩湖區，則呈現不同的局面。這區人口較稀疏，却是大江南北稻穀之聚散中心，加上江西景德鎮瓷器業，除中土自銷外，更與洋商有交易，更促進錢莊銀行等業之興盛，使此區之商業蓬勃，民生富裕。沿海的閩南區（包括潮汕）則又是另一番繁榮富泰景象。此區之民生經濟以與南洋及台灣之通商貿易爲主。加上國內國外對此區特產之茶葉需求甚殷，助長高度發達的金融借貸業務。使廈門成爲達官鉅賈定居之處，亦爲華洋聚雜之大商埠。[13]

　　每一區域性之民生經濟自有其內在之邏輯。相同之處則是和清政府之轄管並無大關連。錢銀匯貸的保障，度量品質之標準與劃一，商譽信用之維護等繁複的商業行爲，則由工藝者及商賈自我主理仲裁。基於中國傳統以家庭爲經濟生產單元，區域化的商業經濟中，因家族、同鄉、同省籍之商業網絡橫生。而宗親、同鄉聚集之「會館」即是主持公正、調難解紛之處。這種以社會壓力及輿論來控制與懲戒，使舊中國社會中，雖然缺乏嚴謹之法律（如西方社會中之商業法、契約法等）所保護，但貿易行商仍有非常大的持續性及穩定性。[14]以「會館」爲主的商業規範，更助長了某一行業由同家族、同鄉籍所把持壟斷之勢力，諸如錢莊業者爲晉陝人士居多，糖業貿易多爲潮汕人士等等，這種以三親五倫九同等關係結成商業網絡之風氣流傳至海外，歷久不

---

[13] 域區microregion之概念最早由學者Skinner提出，由耶魯大學諸同仁發揚光大，見Naquin & Rawski (1987)、Spence (1990)。

[14] 見Fewsmith (1983)、Hamilton & Biggart (1988)、Redding (1992)。

衰，今時今日，仍然如故。

商業策略

　　西方研究競爭優勢（competitive advantage）最具盛名的權威教授朴德（Micheal Porter）在一九九六年三月於曼谷接受《遠東經濟評論》訪問時說：「亞洲商業中，許多鉅子之王者地位多爲因襲而來。……這些公司沒策略而言，而只是談攏生意（they do deals），多只對機會做出反應，是機會主義者。多元化經營運作，有助於爭取好機會。這種模式，迄目前爲止，異常成功及酬報極豐。」[15]

　　朴氏之見解一針見血，因爲亞洲商業界中（包括華人企業）的策略多爲對外（inter-organizational），與西方以公司爲主（firm-based）的理論與模式大異其趣。對亞洲瞭解深刻的法籍學者李沙瑞（Lasserre, 1992）就認爲華人企業集團（諸如台灣的台塑、香港的長江、泰國的卜峰及印尼的林紹良集團等）和日本的企業組（Keiretsu）及韓國的財閥（Chaebol）不同。他將之稱爲創業性組合公司（entrepreneurial conglomerate）其特徵除集團內部多元化、領導者父權化之外，其價值在於創業者㈠財力上舉債貸款之信用，㈡政治上打通關係之本事，㈢商場中號召群雄論功行賞之聲望。李氏之分析頗有見地，首先他肯定華人企業之競爭優勢不限於公司內部，而在於對外，第二，他認爲企業主持人之人際關係與縱橫逢源是華人企業集團之主要本錢。這種論點

---

[15] 見 *Far Ester Economic Review* (1996)。

與朴特及林霖甘（Limlingan, 1985）在東南亞之實徵研究不謀而合。

　　華僑在東南亞財宏勢大，其在經濟上舉足輕重之影響力，依林氏之研究，要歸諸於其商業策略（commercial strategies）。華僑經商初期是以薄利多銷，幅度經濟等為主，等到有規模就要以對外的策略為主，諸如廣植人緣、建立關係網絡，以期做機會性的大宗交易，或者更上一層攏絡政要，以期與經濟發展掛勾來縱橫商場。從十八世紀起華僑就是居於（英、荷、西）等殖民地統治者與當地土著間之橋樑，目前則往往成為統治者與當權者之Crony，以享有專利壟斷等特惠。用戰略網絡之角度來分析，華僑在南洋除了有以宗親鄉主之商業網絡外，另有超越種族文化界限之政治網絡。據林霖甘之描述是：「金權互通後，參與經濟工業發展者均可獲取厚利，使企業經營績效和內部管理是否完善脫離關係。換言之，在享有進口稅減免、低息貸款、獨家專利等優厚條件時，公司賺大錢就與經營者之質素無關了」（Limlinggan, 1986）。

總　結

　　社會經濟學者高承恕（1987, 1988, 1991）首倡以信任格局（personal trust）來解釋台灣企業內外部之複雜關係。也與學生們對台灣之商業網路（協力、貨幣及貿易）等有極深入之研究。鄭伯壎（1995）亦有系統地探討差序格局與華人組織行為。本文乃承繼此一傳統來闡述人際

網絡在華人企業中之重要性。基於一般對華人企業研究之批評是理論成就遠超實徵研究，所以本人採取個案研究之方式以求能供給具體有力之實徵資料。

以金士頓科技之個案，可以瞭解到企業主持人除了對內具家長、企業所有人及主要經營者三重身份外，更要對外在戰略網絡中佔有統籌策略之中樞之重要地位（羅論宗之概念）。另一方面亦可由個案之情境因素分析上，瞭解華人企業家如何用籌運策，建立戰略網絡以在美國競爭最劇烈，環境最險惡之電腦業中雄霸一方。

本文之最終目的是想拋磚引玉，冀望有志於本土管理學及本土組織行為學之同仁，能正視網絡基構之研究。當全球商業競爭已走向戰略網絡對戰略網絡之際，華人企業家的縱橫連盟本事、及以「信任」格局為經濟社會之法則與規律，正可以在此時局中，脫穎而出，大展身手。在華人企業歷史演化中，過去、目前、將來，人際網絡都不僅是組織設計模式，而且是最重要的商業策略。

參考文獻

余赴禮（1996）：〈公司理論之新天地〉。《信報財經月刊》（香港），總333期，8月，頁53-58。

高承恕（1988）：〈台灣企業的結構限制與發展條件〉。《中國人與中國社會研討會論文》，台北：中央研究院民族學研究所。

張愛美 (1994)：〈金士頓七年傳奇〉。《商業周刊》（台灣），第339 期，
　　5月23日，頁51-58。

鄭伯壎 (1995)：〈差序格局與華人組織行為〉。《本土心理學研究》第
　　3期，2月，頁142-219。

Baker, Wayne E. (1992). The network organization in theory and prac-
　　tice, in Nohria 7 Eccles (Eds, Chapter 15), *Networks and Organiza-
　　tions,*Boston: Harvard Business School Press.

Bartmess, Andrew, & Cerny, Keith (1993). Building competitive advan-
　　tage through a global network of capabilities, *California Management
　　Review,* 35, 2, Winter, pp. 78-100.

Biggard, Nicole Woolsey, & Hamilton, Gary G. (1992). On the limits of
　　a firm-based theory explain business networks: The western bias of
　　neoclassical economics, in Nohria & Eccles (Eds, Chapter 18), *Net-
　　works and organizations,* Boston: Harvard Business School Press.

Bradach, Jeffrey L. 7 Eccles, R. G. (1989). Price, authority and trust:
　　From ideal types to plural forms, *Annual　Review of sociology,* 15,
　　pp. 97-118.

Burck, Charles (April 5, 1993). The real world of the entrepreneur,*For-
　　tune,* pp. 62-78.

Burt, Ronald S. (1992). The social structure of competition, in Nohria &
　　Eccles (Eds, Chapter 2), *Networks and organizations,* Boston: Harvard
　　Business School Press.

Byrne, John A. et al. (February 8, 1993). The virtural corporation,*Business Week*, pp. 98-102.

Charan, Ram (September-October, 1991). How networks reshape organizations-for result, *Harvard Business Review*, pp. 104-115.

Chesbrough Henry W., & Teece, David (January-February, 1996). When is virtual virtuous? *Harvard Business Review*, pp. 66-73.

Davidow, William H., & Malone, M. S. (1992). *Virtual corporation*, New York, N. Y.: HarperCollines Publishers.

Doebele, Justin (December 19, 1994). Kingston: King of retrofit,*Forbes*, pp. 313-314.

Doing the Right Thing (May 20, 1995). *The Economist*.

Dowling, Michael J. et al. (1996). Multifaceted relationships under copetition: Descrption and theory, *Journal of Management Inquiry*,5, 2, June, pp. 155-167.

Ferguson, Charles (July-Augus, 1992). Computers and the coming of the U. S. Keiretsu, *Harvard Business Review*, pp. 55-70.

Fewsmith, Joseph (1983). From guild to interest groups: The transformation of public and private in Late Qing China, *Comparatives Studies in Society & History*, 25, pp. 617-640.

Gerlach, Michael L. (1993). *Alliance capitalism*, Berkely: University of California Press.

Gomes-Casseres, Benjamin (1993). Managing internatioal alliances: Conceptual framework, *Harvard Business School Case*, 9-793-133.

Gomes-Casseres, Benjamin (July-August, 1994). Group versus group: How alliance networks compete, *Harvard Business Review*, pp. 62-74.

Gulati, Ranjay (1995). Does familiarity breed trust? The implications of repeated ties for contractual choice in alliances, *Strategic Management Journal*, 38, 1, pp. 85-112.

Hagel, John (1996). Spider versus spider, *The McKinsey quarterly*, 1, pp. 40-18.

Hamilton, Gary, & Biggart, Nicole Woolsey (1988). Market, culture, and authority: A comparative analysis of management and organization in the Far East, *American Journal of Sociology*, 94 (supplement), pp. S52-S94.

Handy, Charles, (May-June, 1995). Trust and the virtual coporation, *Harvard Business Review*, pp. 40-50.

Hoskisson, Robert E. (1996). Gianni Lorenzini: An expert on strategic network organizations, *Journal of Management Inquiry*, 5, 2 June, p. 60.

Kanter, Rosebath Moss (July-August, 1994). Collaborative advantage: The art of alliances, *Harvard Business Review*, pp. 96-108.

Lasserre, Philippe (1992). The management of large groups: Asia and Europe compared, *European Management Journal*, 10, 2, June, pp. 157-162.

Limlingan, Victor S. (1986). *The overseas Chinese in ASEAN: Business stratagies and management practices*, Manila: Vita Development Corporatoin.

Lorenzini, Gianni, & Barder-Fuller Charles (1995). Creating stratagic center to manage a web of partners, *California Management Review*, 37, 3, Spring, 1995.

Meyer, Michael (August 23, 1993). Here's "virtual" model for America's industrial giants, *Newsweek*, p. 40.

Miles, Raymond E., & Snow, Chalres C. (1992). Causes of failure in network organizations, *California Management Review*, Summer, pp. 53-72.

Miles, Raymond E., & Snow, Charles C. (1986). Organizations: New concepts for new forms, *California Management Review*, 18, 3, Spring, pp. 62-72.

Moore, James (1966). The death of competition: Leadership and stratagy in the age of business ecosystem, New York Ecology of Competition, *Fortune*, pp. 75-86.

Naquin, Susan, & Rawski, Evelyn (1987). *Chiese society in the eighteenth century*, New Haven: Yale University Press, Chapter 5.

Norhia, Nitin, & Eccles, Robert G. (1992). *Networks and organizations*, Boston: Harvard Business School Press.

Norhia, Nitin, & Garcia-Pont, Carlos (1991). Global stratagic linkage and industry structure, *Stratagic Management Journal*, 1, pp. 102-124.

O'Toole, James & Bennis, Warren (1992). Our federalist future: The leadership imperative, *California Management Review*, pp. 73-90.

Perrow, Charles (1992). Small-firm networks, in Nohria & Eccles (Eds, Chapter 17), *Networks and organizations*, Boston: Harvard Business School Press.

Porter, Michael E. (1990). *The competitive advantage of nations*, New York: The Free Press.

Porter, Michael E., & Fuller, Mark B. (1985). California and global stratagy, in Porter (eds, Chapter 10), *Competition in global industries*, Boston: Harvard Business School Press.

Powell, Walter, W. (1990). Neither market nor hierarchy: Network forms of organization, *Research in Organizational Behavior*, 12, pp. 295-336.

Putting people first has put Kingston on top (July, 1995). *ICON*, pp. 60-63.

Ragon, Lawrence (September 19, 1994). Family values, *PC Week*, p.A 1, 7,8.

Redding, S. Gordon (1992). *The spirit of Chinese capitalism*, Berlin: Walter de Gruyter.

Ring, Peter Smith, & Van De Ven, Andrew H. (1992). Structuring cooperative relationships between organizations, *Stratagic Management*

Journal, 13, pp. 483-498.

Skinner, G. William (1977). *The city in late imperial Chian*,Stanford: Stanford University Press.

Snow, Charles, C. Miles, Raymond E., & Coleman, Henry J. (1992). Mangaing 21st century organizations, *Organizational dynamics*, pp. 5-19.

Spence, Jonathan D. (1990). *The search of modern China*, New York: Norton & Co.

Thorelli Hans B. (1984). Networks: Between markets and hierarchies, *Stratagic Management Journal*, 7, pp. 37-51.

Tully, Shawn (February 8, 1993). The modular corporation, *Fortune*,pp. 106-115.

Wells, Edward O. (October, 1992). Built on speed, *INC.*, pp. 82-88.

Zuker, Lynne G. (1986). Production of trust: Institutional sources of economic structure, 1840-1920, *Research in Organizational Behavior*, 8, pp. 53-111.

台灣企業網絡中的對偶關係：
關係形成與關係效能

鄭伯壎

台灣大學心理學系

任金剛

中山大學人力資源管理研究所

張慧芳　　郭建志

台灣大學心理學研究所

〈摘要〉

　　雖然許多學者曾針對組織間網絡進行概念性的探討，但實徵性的研究仍相當欠缺。本研究蒐集了 250 對具對偶關係的企業資料，這些資料包括關係階段、關係品質、關係效益、組織文化以及合作滿意等，針對企業間的關係進行實證研究。結果顯示，關係形成與解離的四個階段在關係品質與競爭效益上，形成倒 V 形曲線。其次，在關係效益與合作滿意度（或更換機率）的預測上，組織文化相似性與關係品質都是重要的關鍵；但效益與滿意度（或更換機率）的主要預測因素不同，顯示在描述組織間網絡競爭優勢的兩大指標——效益與滿意度，不但內容不同，預測機制也不太一樣。根據這兩大指標，可以將現行的組織間網絡再細分為義利共生網絡、社會情感網絡、策略結盟網絡及自由市場網絡等四大類型，可進一步凸顯出台灣網絡的本土特色。

壹、導言

　　在台灣，中小企業林立是不爭的事實。根據統計，台灣的中小企業約有 88 萬家，佔總企業數的 97％，這些中小企業大多從事第三次加工，以外銷為主要的目標。相較於日本及韓國，台灣更凸顯出企業規模偏小的特點（Hamilton & Biggart, 1990）。依照古典經濟學的觀點，小型企業由於具有無法到達經濟規模、不能影響政府法令、無法有效控制市場以及容易產生資源依賴等缺點，而無法與大型之跨國企業競爭（Perrow, 1992）。更具體來說，中小企業公司規模不大，人手不多，每一個人都得完成許多工作項目，即使非常努力工作，所完成的貨品與勞務的質量有限，市場佔有率微乎其微，而無法對市場或產品規格做有效的控制，面對市場變化的風險極高。同時，小公司所掌控的資源較小，容易產生資源依賴的現象（Pfeffer & Salancik, 1978）。因此，中小企業如果要生存下去，就得蛻變為大型或巨型企業（Chandler, 1977）。

　　然而，弔詭的是既然台灣中小企業林立，中小企業又有許多競爭劣勢，為何在過去幾十年來，以中小企業為主體的台灣經濟表現却如此的優異？原因何在？此問題可以從最近對市場（market）、制度（bureaucracy）及網絡（network）的討論中獲得部份解答（Powell, 1990）。在最近的討論中，多數研究者都肯定網絡式組織的優越性

（Nohria, 1992），尤其在當前變化詭譎的環境下——市場總有失靈的時候、制度又嫌僵化，相形之下，組織網絡就顯現出其優越性。此一說法正足以解釋台灣企業過去表現不錯的理由。顯然地，台灣的企業不是獨立存在的，而是交織成一張綿密的大網，彼此之間具有網絡的特性，此一說法已經有不少研究加以證實（如趙蕙玲，1993；陳介玄，1994）。

　　什麼是網絡的特性？具有何種優勢？首先，組織間網絡可以擴大經濟規模，對市場具有一定程度的影響力。其次，網絡中的結點職司一個或少數幾個重要的功能，可以發揮核心能力（core competence），展現專業優勢。同時對負責結點的企業家而言，由於利潤完全歸諸個人，而可提高工作動機與工作績效（如謝國雄，1992；夏林清、鄭村棋，1990）。尤有進者，整個網絡所流通的產品或勞務的計價方式，是採價格引導的成本估計（price-led costing），而不是傳統的成本引導的價格訂定（cost-led pricing）（Drucker, 1995）。因此，價格競爭力是很強的。接著，組織間網絡消費者導向的結盟（consumer-oriented alliance），可以較大程度地滿足產銷體系中的顧客需求（鄭伯壎，1995）。在資源依賴方面，位於組織網絡結點的小公司所接觸的顧客或供應商都不只是一家，每個公司也不見得一定要與上、下游的公司打交道，資源依賴的情形不但不嚴重，而且可避免欺騙與剝削（Perrow, 1992）。

　　總之，透過組織間網絡的結構原則，小公司彼此間的合作或結盟可以避免經濟規模太小、對法令欠缺影響、無法控制市場及產生資源依賴等缺點，並可發揮彈性生產、工作勤奮、專業優勢、價格合理及

顧客導向等優點，而提高組織的韌性與競爭力。

一、 關係階段、關係品質及關係效益

　　雖然許多研究者已經指出了網絡的優勢，然而網絡是如何搭建起來的？長期關係比短期關係優越嗎？原因何在？這些問題的思考，可以幫忙進一步瞭解網絡構建的歷程，及其中相關因素的影響。一般而言，要準確回答此問題，可以從對偶關係（dyadic relationship）為切入主軸，探討交易雙方關係形成的歷程、以及可能產生影響的前因、後果因素。以現行的研究而言，針對網絡關係的構建或形成歷程，雖已有一些研究提出看法，但都僅限於概念性的探討與質化的分析，鮮少採用量化、實徵的方式準確掌握各相關變項的確切關係。進一步來說，截至目前為止，已有不少概念模式的提出，包括發展三段論（Larson, 1992）、語意發展論（Thorelli, 1986）、四段演化論（Dollinger, 1990）、合作關係論（Ring ＆ Van de Ven, 1994）、關係整合論（Wilson, 1995）、關係發展論（Dwyer, Schurr, & Oh, 1987）以及關係發展穿透論（鄭伯壎、劉怡君，1995）。在這些模式當中除了發展三段論與關係穿透論擁有質化的實徵資料外，其餘模式都屬於概念性的探討；除了關係穿透論屬於動態模式（dynamic model）之外，其餘模式均為順序模式（sequential model）；有些模式是借用婚姻諮商、人際網絡的想法，有些則從行銷的角度切入，只有發展三段論與關係穿透論是直接處理組織間網絡之關係的。此外，各模式所主張的階段亦因研究者的喜好或階段分割的歧異，而有不同的劃分階段。儘管如此，各階段所

強調的影響因素是頗為類似的，而可整合在四階段的架構下，此四階段分別為進入、試誤、穩定及脫離（如**表一**所示）。在這裡，將以較完整、且以華人企業為對象所建構的關係發展穿透論（如**圖一**所示）為例，進一步說明此四階段的內涵與長期關係形成的歷程。

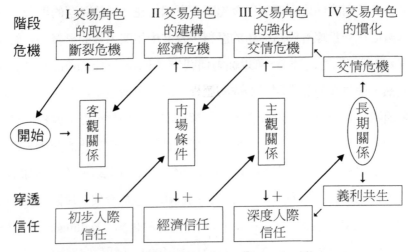

圖一　長期交易關係的形成與斷裂歷程：穿透模式

就階段一的交易角色的取得而言，最重要是要克服客觀關係的障礙，以贏得交易對方初步的人際信任。缺乏九同、血緣等客觀關係的廠商，就得透過有關係者的介紹、或拉關係、套交情等做法，才比較有機會進入交易關係的網絡內。

階段二是交易角色的構建，所要突破的障礙是與市場條件有關的。由於經濟交易著重的是利益的提升與成本的降低，因此滿足市場條件的要求是必要的。這些市場條件包括產品品質、價格、交期、服

務及公司形象等與經濟利益有關的特性。一旦能排除市場條件的障礙，就可獲得交易對方的經濟信任。

　　然而，光有經濟信任不見得能夠形成長期關係，而必須再穿透主觀關係的障礙，由差序格局同心圓中的外圍打入內圈，由圈外人變成自己人。因此，在階段三交易角色的強化，最重要的任務是經由非正式關係的建立與私下的接觸，增進雙方的交情，使得彼此間的情感性關係有所增進，而由陌生人演變爲熟人，由正式商業關係的角色演變爲非正式的朋友角色，由疏遠而演變爲親密，並使得初步的人際信任成爲深層的人際信任。穿透此一障礙之後，長期的網絡關係就於焉形成，此時，雙方都十分在意對方，而滋長出甘苦與共、相因相隨的義利共生組織間網絡文化。

　　相反地，一旦交易障礙無法克服，就會產生各種危機，而退回（regress）前一個階段，最後導致交易關係的斷裂。例如，主觀關係的障礙無法排除時，就會產生交情危機，而降低彼此的人際信任；當市場條件無法滿足時，就會產生經濟危機，而妨害了彼此的經濟信任；一旦客觀關係條件欠缺或撤除，則會發生斷裂危機，並導致雙方交易關係的解除。另外，長期的網絡關係也可能因爲不可抗力的因素、或由於交易的一方違背義利共生的法則，而發生退回或關係斷裂的現象。

　　顯然地，由階段一至階段三，交易雙方間的信任是逐漸累積的，而可以得出階段三的信任應高於階段二，再高於階段一的推論。至於解離階段（階段四）則由於雙方已經不再信任，而可能低於或等於階

表一　組織間關係發展歷程理論之比較

發展階段	發展三段論 Larson (1992)	語意發展論 Thorelli (1986)	四段演化論 Dollinger (1990)	合作關係論 Ring & Van de Ven (1994)	關係整合論 Wilsonmg (1995)	關係發展論 Dwyer, Schurr,& Oh (1987)	關係發展 穿透論 鄭伯壎、 劉怡君 (1995)
進入過程	以人際關係為最重要因素，找以前認識、值得信賴、又有共事經驗者	先要克服進入障礙，用一些誘因來加速關係的展開	先要建立成對的互動關係，彼此的互動要頻繁且強烈	透過正式的協蔍與非正式的合理化歷程，雙方發展共同的期望	依照對方的聲譽與表現，選擇合作夥伴	某方認為或覺知對方是可以交往的，情境的接近性則可助長此一覺知，並開始嘗試交往	以客觀的關係為重要考慮因素，找具有客觀關係或擬似客觀關係的對方搭線，開展協力關係，並形成初步的人際信任
試誤過程	看對方公司的表現是否與個人的信譽一致、是否公司如其人	建立關係後要不斷地定位與再定位，設法提高自己在網絡中的地位，提高結點傳達的速度與強度	找出交易、互動的損益矩陣，看交往是否有利	釐清權利義務，雙方承諾未來共同採取行動，並以正式的法律契約或非正式的心理契約約束之	界定個別組織與雙方共同的目標，彼此進行頻繁的溝通	在評估權利、義務、成本、利益之後，期望進一步的互動，並滋長互信、互賴的期望。互動後，提升彼此的滿足感	建立關係之後，必須能夠滿足交易時的市場條件，如品質、價錢、交期等，而可使雙方產生經濟信任

表一（續）

穩定過程	以兩公司間的經營策略、組織文化等的整合為主要互動目的，並進一步找出固定的行為準則，縮短交易時間	網絡再定位的持久循環	當互動組織的累積超過心理上的關鍵程度時，雙方的關係將趨於穩定	行動承諾與規則付諸實行，彼此的互動是可以預測的	滋生強烈的共同目標、互信及社會套繫；創造高度的合作價值；雙方產生高度的關係承諾	雙方透過主觀關係的促進，滋長友誼與親密的感受，形成深度的人際信任，進而維繫長期關係	雙方建立堅定的承諾，互相忠於對方，以維繫長期關係
脫離過程	缺	強度變弱時，以拉緊網絡或垂直整合方式補救，無法補救時則放棄並脫離關係	缺	缺	缺	有一方對彼此的關係有所不滿，且不願意維繫時，就可能導致關係的破裂	在客觀關係、市場條件及主觀關係無法突破時，則退回上一階段，最後導致關係的解離
階段過程	3	4	4	3	5	5	4

段一。當然，信任只是描述對偶關係的一項可能指標而已。

　　檢討過去對組織間網絡結構的研究，可以發現，除了互信之外，互惠、互賴也常用來說明網絡中雙方的關係。以互惠而言，通常都強調某方的利益如何經由合作行為而擴大，與市場自利不同的是，互惠容許對方和自己一同獲利，而非把利益建立在對方的損失上，講求的是一個非零和的組合（Jarillo, 1988）、彼此是對等的（Axelrod, 1984；

Keohane, 1986)。以互賴而言，指的是雙方在資源、技術或訊息的互相依賴（interdependence）（Oliver, 1990）。爲了維持互賴，避免一方完全依賴對方，擴展自己的網絡系統也是必要的 (Thorelli, 1986)。然而，一旦建立專屬的網絡關係，會愈來愈趨向互相依賴的分工結構，甚至會產生生命共同體的感覺（趙蕙玲，1993）。

　　另外，親密度與穩定度也可以用來說明雙方間的關係。親密度可以用彼此間是否互動頻繁、擁有交情、默契良好、同心協力等的描述字眼來說明；至於穩定度強調的是彼此間社會套繫（social tie）的穩固程度，越穩固則越不易解離，即使當與對方的交易已經造成另一方的損失時，另一方亦會負起道義責任，而不輕言放棄關係（趙蕙玲，1993）。

　　在組織間網絡中，既然交往的雙方會因爲交往階段的不同，而改變其關係品質，因此可以預測：由階段一至階段三，關係品質會隨著階段的演變而提高。亦即用來說明關係品質的信任、互惠、互賴、親密度、穩定度都會提高，階段三會高於階段二，再高於階段一。至於解離階段則因爲雙方彼此的不滿意，逐漸退回階段一，而發生破裂，這可能有兩種結果：第一、由於交往後破裂，關係會更糟糕，而可能使得關係品質低於階段一；第二、由於已有交往，雖然不繼續來往，但仍殘留著人情，關係仍然維繫著，使得關係品質相等於階段一。因此，可以推論階段一的關係品質應該不低於階段四的解離階段。

　　就成本效益的觀點來看，Drucker（1995）強調：想要在競爭愈趨激烈的全球市場獲勝，公司必須知道整個經濟鏈的成本，更必須和經

濟鏈的其他成員攜手合作，共同管理成本，擴大收益。即使是規模最
大的公司也只不過是經濟鏈的一環，而必須把工作分派在成本最低、
收益最高的地方。這種說法事實上隱含著：當組織間的網絡建立起來
之後，成本會下降，效益會增高。在行銷管理上，許多研究者也從概
念上去推論：建立長期關係，有助於成本的降低（如 Anderson , Ha-
kansson, & Johanson, 1994；Wilson, 1995）。因此，階段三的成本效益
顯然也要高於階段二，再高於階段一及解離階段。

　　除了成本效益之外，當一家公司與網絡內的公司搭上線時，將有
助於形象的提升，而可提高形象效益。Larson（1992）即指出：與信譽
良好的公司合作，一方面可以提高自己公司的地位，一方面也可透過
信譽的要求，形成網絡的良性循環。這意味前面階段的形象效益似乎
較後面階段的形象效益為高。對形象較低的公司而言，在階段一由於
被允許進入網絡中，其所獲得的形象效益可能比已經形成較長期關係
的階段三為高；或較保守地說，至少不比階段三為低。

　　總之，就對偶關係的形成階段與關係品質及關係效益間的關係而
言，除了形象效益可能在階段一與階段三的差距不大之外，其餘的品
質與效益指標，應該都有階段三高於階段二，再高於階段一與解離階
段的趨勢。

二、組織文化、關係品質、關係效益及關係承諾

　　關於企業網絡中的對偶關係，另一個值得探討的議題為：組織文
化相似性在對偶關係的建立中扮演何種角色？就此問題而言，可以從

網絡、組織及個人等三個層面來探討。就網絡的層面而言，許多研究者都指出：為了讓網絡能有效運作，組織之間應該擁有共享的網絡文化。例如 Snow 等人（Snow, Miles, & Coleman, 1992）強調：網絡得創造出穿越所有權與國界的的「組織文化」，將各家結點公司結合在一起，以有效完成經濟鏈的團隊工作。更詳細而言，流通在網絡中的普同巨觀文化是可以：(1) 增加各組織間共同經驗的慣性（inertia）；(2) 提高各組織的創新能力與增加創新傳播的速度；(3) 提高各組織採取類似的經營策略（Abrahamson & Fombrun, 1994），以及 (4) 互相之間能夠負起道義責任（趙蕙玲，1993；鄭伯壎、劉怡君，1995）。

　　從組織層面而言，當兩家企業或兩個工作單位的文化類似時，這兩家公司或工作單位的凝聚力較高。因此，在購併時，擁有類似文化的被購併公司較容易融入購併公司的文化中；反之，則容易因格格不入而遭致失敗（Schein, 1991）。以公司內的經營單位（business unit）而言，當團體內的文化較類似母公司時，經營單位被授權的幅度較大，獲取的資源也較多（Enz, 1986；陳家聲、任金剛，1995）。

　　從個人層面而言，當個人的價值觀與組織類似時，個人的工作績效較高，較不容易流動，而且表現較多公司沒有要求的角色外行為（extra-role behavior）。這種個人價值與組織價值、上司價值或期望價值的契合，可以提高員工的工作效能與工作態度的現象，已有不少研究加以證實（如鄭伯壎，1993, 1995b；鄭伯壎、郭建志，1993；O'Reilly, Chatman, & Caldwell, 1991）。以組織間的關係而言，當公司主持人與其他公司主持人的價值、背景或關係（guanxi）較為類似時，彼此有較

多、較相像的社會認同（social identity），而產生較多的信任與較大的吸引力（鄭伯壎、劉怡君，1995；Farh, Tsui, & Cheng, 1995）。

　　由於本研究探討的是組織間網絡中的對偶關係，將以兩家公司的對偶為分析單位，研究兩家公司間的組織文化相似性是否有助於彼此間的組織效益、合作滿意程度、及留駐機率的提高？根據以上的討論，可以推論當對偶公司的組織文化類似時，其關係效益、合作滿意度較高，而且較不會解離此項關係。

　　接下來的問題是什麼樣的組織文化類似性，與關係效益、合作滿意度、及更換機率的關係較高？就這個問題而言，現有的研究甚少，不過可以從個人層次的研究中得到一些啟發。鄭伯壎（1993）曾將組織文化區分為內部整合與外部適應兩大向度，並發現對員工的組織認同或留職意願而言，內部整合的預測效果較佳；但對一般績效與良心行為而言，則外部適應的預測效果較佳。雖然這是個人層次的研究結果，但仍可由此類推至組織間層次：對組織文化相似性與關係效益、合作滿意度、及更換機率的關係而言，不同的組織文化向度，所產生的預測效果可能是不同的。

　　至於關係品質與關係效益、合作滿意度及更換機率的關係如何？亦值得做進一步的探討。顯然地，成本效益與滿意度所強調的重點是不太一樣的：關係效益較重視理性的成本計算與效益評估，但滿意度則較重視感性之心理感受，因此可以推論關係品質中的互利性、互賴性、穩定度可能與關係效益的關係較大；但親密度則與合作滿意度的關係較高。另外，對更換機率而言，則可能與各關係品質變項都有關

係，但由於華人重視和諧的人際關係，友情也許稍稍重於利潤，而有可能親密度的預測效果較高。

綜合上述分析，本研究的主要目的有二：第一、探討台灣企業網絡中，關係階段與關係品質、關係效益間的關係；第二、研究組織文化相似性與關係品質對關係效益、合作滿意度、及更換機率等網絡效能的影響效果。

貳、方法

一、受試者

台灣的外銷產業結構，可以從上游的原物料提煉製造、中游再加工及下游的零件與產品組合等三級加工類型來瞭解（鄭伯壎，1996）。通常大多數的協力網絡都存在於二次與三次加工的產業當中。本研究即以某家具第二級加工型態的大型企業及與之有來往的公司（通常屬於三次加工產業）爲對象，針對其總經理、行政經理或行政人員進行問卷調查研究。這家大型企業是研究對象的上游協力廠商，主要是供應各研究對象的零（組）件，做爲裝配之用。總共發出555份問卷，回收290份，回收率爲52.3%。扣除答題不全、空白過多的問卷，實際列入分析的問卷有 250 份。樣本組成如**表二**所示。

表二　樣本組成

項　　目	人數	百分比
公司的型態		
家族企業，經營者掌握公司的所有權與管理權	88	35.2
家族企業，經營者有所有權，但無管理權	31	12.4
合資企業	22	8.8
外商企業	19	8.0
其他	78	31.2
未填	12	4.8
公司的生產型態		
小量訂貨生產	41	16.4
大量存貨生產	22	8.8
連續性生產	178	71.2
未填	9	3.6
公司創辦的歷史		
6年以下	37	14.8
6-8年	17	6.8
8-10年	28	11.2
10-15年	66	26.4
15-20年	33	13.2
20年以上	66	26.4
未填	3	1.2
員工總人數		
100人以下	22	8.8
101-200人	21	8.4
201-300人	13	5.2
301-400人	11	4.4
401-500人	16	6.4

表二（續）

501-1000人	72	28.8
1000人以上	92	36.8
未填	3	1.2
員工平均教育程度		
高中(職)以下	131	52.4
專科	93	37.2
大學以上	16	6.4
未填	10	4.0
近五年公司的營業成長百分比		
10%以下	47	18.8
10%-20%	53	21.2
20%-30%	24	9.6
30%-50%	25	10.0
50%以上	48	19.2
未填	53	21.2
資本額		
1億以下	42	16.8
1-5億	50	20.0
5-10億	59	23.6
10億以上	58	23.2
未填	41	16.4
營業額		
10億以下	50	20.0
10-40億	76	30.4
40億以上	83	33.2
未填	41	16.4
合　計	250	100

二、研究工具

　　關係階段的測量。關係階段的界定，主要是以**表一**的整理為基礎，採取鄭伯壎與劉怡君（1996）之說法，將關係階段區分為進入（取得）、試誤（構建）、穩定（強化）及脫離（解除）四個階段。四個階段的說明分別為：**進入階段**——初步接觸、彼此瞭解不深；**試誤階段**——已經接觸一段時間，雙方有點瞭解；**穩定階段**——已經是老客戶，彼此已有默契；**脫離階段**——雖然交往一段時間，但雙方似乎不能配合，考慮解除合作關係。由受試者主觀決定對偶關係是屬於哪個階段。

　　關係品質的測量。由於關係品質的測量仍未有現成的問卷，必須自行發展。在題目的設計上，主要是依照 Larson（1992）對網絡對偶關係（relationship of network dyad）的概念以及過去研究者之質化研究的結果（鄭伯壎，1996；鄭伯壎、劉怡君，1996），自行發展必要的問卷題目。並與研究生經過多次討論，將題意重複、題意不清之題目刪除之後，編製為26題之問卷，採語義差別（semantic differential）的形式，以對等形容詞（**如互相信任的**——**互相猜疑的**）來測量。

　　此量表經過主成份因素分析與直交轉軸之後，可以獲得四個主要因素，能解釋74.25% 的變異量。因素 1 的內容多與交往的感情有關，如像朋友般的、有交情的、親密的，命名為親密度。此因素的固有值為15.6，解釋變異量為59.83%，分量表的信度Cronbach's α為.96。因素 2 的內容則與關係的互利、互相支持有關，如互相信任的、支持對方的、雙方平等的，命名為支持度。此因素的固有值為 1.52，解釋變

異量爲5.83%，分量表的信度Cronbach's α爲.92。因素3的內容是與雙方的共生、彼此依賴有關的，如互相依賴的、互補的，命名爲互賴度。因素的固有值爲1.20，解釋變異量爲4.63%，分量表的信度Cronbach's α爲.86。因素4的內容則與關係的穩定度有關，如基礎穩固的、可靠的、長期關係的，命名爲穩定度。因素固有值爲1.03，解釋變異量爲3.97%，分量表的信度Cronbach's α爲.94。本量表的量尺爲七點量尺，由-3至+3，分別描述公司間的對偶關係。關係品質量表的因素分析結果，如**表三**所示。

　　關係效益的測量。對關係效益的測量，仍無現成的問卷可用，而必須自行發展。根據研究者過去的質化研究結果（**鄭伯壎**，1996），從兩方面來設計題目，一部份是直接與成本的降低或市場競爭直接有關的，另一部份則是間接有關的，包括形象或聲譽等項目，總共有十二個題目。

　　此量表經過主成份因素分析、再做直交轉軸之後，可以得到兩個主要的因素，第一個因素是與市場競爭能力有關的，因素負荷量高的題目包括提高市場應變能力、掌握時效、提高競爭力、適應環境變化、提高生產彈性等，命名爲競爭效益。固有值爲8.67，可以解釋57.79%的變異量，此分量表的信度Cronbach's α爲.93。第二個因素則與公司形象與信譽有關，因素負荷量高的題目有提高公司形象、提高公司聲譽、提高產品品質、提高技術水準等，命名爲形象效益。此因素的固有值爲1.30，可以解釋8.64%的變異量，分量表的信度Cronbach's α爲.85。總計，這兩個因素可以解釋總變異量的66.43%。此量表的因素分

表三　組織間關係品質的因素分析（N＝215）

題　目	平均數	標準差	因素 I： 親密度	因素 II： 支持度	因素 III： 互賴度	因素 IV： 穩定度
12. 溝通良好的	1.23	1.20	.51			
13. 同心協力的	1.09	1.16	.58			
14. 互動頻繁的	.91	1.26	.62			
18. 像朋友般的	1.26	1.07	.61			
19. 特別禮遇的	.65	1.22	.70			
20. 關係密切的	1.02	1.16	.67			
21. 重要的	1.24	1.11	.65			
22. 配合度高的	1.20	1.07	.65			
23. 有交情的	1.15	1.02	.82			
24. 親密的	.81	1.07	.77			
25. 有默契的	.97	1.12	.75			
1. 經濟互利的	1.08	1.26		.67		
2. 雙方平等的	.94	1.30		.74		
3. 互相信任的	1.29	1.17		.78		
4. 支持對方的	1.23	1.25		.74		
5. 和諧相處的	1.49	1.07		.73		
11. 互相依賴的	.81	1.22			.75	
15. 共生的	.81	1.17			.64	
16. 雙方皆贏的	.86	1.28			.67	
17. 互補的	.83	1.21			.68	
26. 正式簽約的	1.34	1.35			.52	
6. 基礎穩固的	1.29	1.17				.69
7. 可靠的	1.47	1.13				.75
8. 長期關係的	1.61	1.16				.72
9. 互惠的	1.34	1.16				.54
10. 安全的	1.34	1.21				.55
固有值			15.6	1.52	1.20	1.03
解釋變異量%			59.83	5.83	4.63	3.97
累積解釋變異量%			59.83	65.65	70.28	74.25

析結果，如**表四**所示。受試者填答時，以六點量表評估在建立關係後
公司獲得的效益。

　　組織文化的測量。組織文化是根據鄭伯壎（1990）所發展出來的

表四　組織間關係效益之因素分析（N＝236）

題　目	平均數	標準差	因素 I：競爭效益	因素 II：形象效益
5. 降低生產成本	4.01	1.17	.69	
6. 提高競爭力	4.21	1.06	.71	
7. 降低開發風險	4.13	1.00	.65	
8. 掌握時效	4.09	1.04	.84	
9. 掌握最新資訊	4.36	1.01	.58	
10. 提高生產彈性	4.05	1.04	.71	
11. 提高市場應變能力	4.16	1.05	.80	
13. 適應環境變化	4.12	.92	.72	
14. 降低耗損	4.05	1.06	.67	
15. 維持市場優勢	4.23	1.01	.70	
1. 提高公司形象	4.37	.98		.90
2. 提高公司聲譽	4.29	1.05		.87
3. 提高生產效率	4.15	1.02		.58
4. 提高產品品質	4.44	1.02		.72
12. 提高技術水準	4.40	.95		.64
固有值			8.67	1.30
解釋變異量%			57.79	8.64
累積解釋變異量%			57.79	66.43

組織文化價值觀量表來測量的。此量表經過修訂後，有30個題目（鄭
伯壎、任金剛、莊仲仁，1993）。在本研究中，此量表經過因素分析之
後，可以獲得四個主要的因素，可以解釋55.53% 的變異量。

　　第一個因素是與重視員工、重視企業典範有關的，有高負荷量的項目包括重視員工意見、重視人力資源、強調公正公平、負起社會責任、具冒險精神等，命名為團隊取向。此因素的固有值為9.93，可以解釋33.09％的變異量；此分量表的信度Cronbach's α為.91。第二個因素是與重視穩定、重視傳統有關的，負荷量高的項目包括遵從權威權領導、講究形式表面、重視人情、維繫歷史傳統等，命名為安定取向。因素固有值為3.60，可以解釋12.01％的變異量；此分量表的信度Cronbach's α為.85。第三個因素是與要求績效、重視績效有關的，因素負荷量高的項目包括重視成本效益、行事積極進取、要求表現績效等，命名為績效取向。此因素之固有值為1.74，可以解釋5.79％的變異量，分量表的信度Cronbach's α為.81。第四個因素是與奉獻、敬業有關的，只有三個題目的因素負荷量較高，分別為強調勤勞敬業、鼓勵奉獻服務及追求卓越精進，命名為敬業取向。因素的固有值為1.39，可以解釋4.64％的變異量，此分量表的信度Cronbach's α為.72。有關組織文化價值之因素分析結果，如**表五**所示。

　　由於本研究的旨趣是在探討對偶公司間的組織文化相似性是否與關係效能有關？因此以李克氏（Likert）四點量尺直接詢問受試者評估自己公司與協力公司在組織文化價值觀上的相似性，此作法與Enz（1986）的作法類似。

　　合作滿意與更換機率的測量。在合作滿意度方面，主要是測量受試者對協力公司之產品品質、送貨及服務的滿意程度。合作滿意以百分比來測量，受試者對供應商的合作滿意度，由0％至100％。更換機

表五　組織文化價值之因素分析（N＝236）

題目	平均數	標準差	團隊取向	安定取向	績效取向	敬業取向
28. 重視員工意見	4.46	1.53	.85			
23. 重視人力資源	4.99	1.46	.73			
30. 講求客觀標準	4.52	1.39	.71			
26. 強調人際和諧	4.77	1.43	.71			
22. 賞罰公正公平	4.58	1.55	.66			
27. 具有冒險精神	3.63	1.66	.65			
29. 強調實驗精神	4.52	1.33	.65			
11. 注重敦親睦鄰	3.98	1.52	.64			
7. 負起社會責任	4.15	1.53	.59			
24. 尊重制度規範	4.21	1.58	.53			
8. 作風正直誠信	5.06	1.47	.53			
3. 尊重個人意願	4.05	1.43	.48			
17. 遵從權威領導	2.41	1.82		.82		
16. 講究形式表面	1.66	1.77		.81		
19. 強調短期成果	2.44	1.84		.79		
18. 重視人情關係	2.82	1.86		.68		
25. 講究學歷取向	2.88	1.55		.66		
21. 維繫歷史傳統	2.39	1.63		.60		
15. 重視安定守成	3.66	1.55		.49		
13. 重視成本效益	5.76	1.20			.72	
14. 行事積極進取	5.28	1.17			.64	
12. 要求表現績效	4.65	1.42			.60	
1. 鼓勵創新發明	5.13	1.56			.55	
20. 強調技術導向	4.67	1.53			.49	
2. 發揮團體合作	5.82	1.19			.49	
10. 致力科學求真	4.86	1.39			.45	
9. 強調客戶導向	5.63	1.26			.40	
4. 強調勤勞敬業	5.06	1.29				.77
5. 鼓勵奉獻服務	4.47	1.45				.71
6. 追求卓越精進	5.01	1.35				.42
固有值			9.93	3.60	1.74	1.39
解釋變異量%			33.09	12.01	5.79	4.64
累積變異量%			33.09	45.10	50.89	55.53

率也以百分比來測量，受試者未來考慮更換供應商的可能性，由0%至100%。

三、研究步驟

　　一般而言，進行組織間網絡研究時，必須獲得研究廠商的合作，否則很難得到協力廠商的名單。把握時機，可以降低蒐集資料的難度。本研究主要是透過某家大型企業進行年度顧客滿意度時，同時發出本研究問卷與顧客滿意度調查問卷，來蒐集資料。調查是採用直接郵寄（direct mail）的方式，將問卷寄達協力廠商的總經理、行政經理或行政人員。通常，直接郵寄最為人垢病之處，是回收率太低，回收資料的正確度有問題等（Dillman, 1991）。在本研究當中，為了避免上述缺點，除了將禮品與問卷一起掛號送出，要求一定要當事人填寫之外，也採取每星期跟催的方式，由負責的業務人員以電話催繳。另外，採取的措施還包括事先告知、附回郵信封、強調調查研究的公正性，以提高問卷的回收率與填答準確度。結果回收率大約為52.30%，比一般的郵寄問卷高出甚多。

　　資料分析時，分成兩部份進行：第一部份是探討關係階段、關係品質與關係效益間的關係。首先，進行ANOVA分析，再做各階段差異之Scheffe事後比較檢定，以瞭解四個關係階段在關係品質與關係效益上的差異。第二部份是探討組織文化相似性和關係品質與關係效益、合作滿意度及更換機率間的關係。除了進行了各變項的相關分析之外，並以組織文化相似性與關係品質為預測變項，關係效益、合作滿

意度及更換機率爲效標變項，進行迴歸分析，以掌握組織文化與關係品質對效標的可能預測效果。

參、結果

一、關係階段、關係品質及關係效益

　　爲了說明四個關係階段在關係品質與關係效益的差異，進行了單因子的變異數分析。首先，比較四個階段在整體關係品質與整體效益上的差異，結果發現階段具有顯著的效果。接著再針對各分向度進行分析，亦發現關係階段對親密度、支持度、互賴度、穩定度及競爭效益均具有顯著影響效果；只有對形象效益的效果不顯著（F＝2.39，p＞.05）。變異數分析的結果，如**表六**所示。

　　由平均數的大小可以看出，階段三顯然有大於階段二、再大於階段一或階段四的趨勢關係，不管是關係品質或競爭效益，在強化階段（階段三），其關係品質與效益都是最高的。爲了瞭解各階段兩兩之間是否有顯著差異，再進行了 Scheffe 的事後檢定，結果如**表七**所示。由**表七**可知，在親密度上，差異的來源主要是階段三與其他階段間的差異；在支持度上，則主要來自階段三與階段四的差異；在互賴度上，則是階段三與階段二、階段四的差異造成的；在穩定度上，主要是來自階段三與其他階段的差異；至於競爭效益，則各階段的兩兩比較均

表六　關係階段（變異來源）對組織效益與
　　　組織間關係品質的變異數分析結果

依變項	DF	MS	F值
組織效益			
競爭效益	3	281.10	4.28**
形象效益	3	42.76	2.39
整體效益	3	462.07	3.41*
組織間關係品質			
親密度	3	1794.25	19.17***
支持度	3	172.36	6.80***
互賴度	3	282.30	12.92***
穩定度	3	360.54	14.73***
整體關係品質	3	6303.17	13.09***

$^*p<.05$　　$^{**}p<.01$　　$^{***}p<.001$

未達到顯著差異。顯然地，階段一由於公司的家數太少，只有3至4家，因此即使平均數的差距很大，還是很難達到顯著差異的效果。雖然如此，仍然可以看出階段三、階段二、階段一或階段四由大而小，有依序排列的趨勢。**圖二**說明了組織間關係品質的情形，**圖三**則顯示了關係效益的狀況。以關係品質而言，階段與關係品質都具有倒V形的關係，由階段一上升至階段二、再升至階段三，最後再下降至階段四。除了支持度之外，階段一、二、三幾乎成了一條直線。顯示雙方的互利與平等，在階段二就已經相當講求了。此外，階段一與階段四則較為接近，同時，得分也接近零或低於零，表示在取得階段與解除階段時，雙方的關係品質都較差；而構建階段與強化階段的關係品質則較

表七　各關係階段差異之 Scheffe 事後檢定

依變項	獨變項	家　數	平均數	標準差	主要差 異來源	題數
競爭效益						10
	階段一	4	35.5	10.88	*	
	階段二	77	40.18	7.79		
	階段三	150	42.72	8.12		
	階段四	9	35.33	9.46		
親密度						11
	階段一	3	−3.00	10.15	3vs.1	
	階段二	72	6.74	10.06	3vs.2	
	階段三	147	15.04	9.23	3vs.4	
	階段四	10	.20	12.95		
支持度						5
	階段一	4	0	2.16		
	階段二	73	5.21	5.12		
	階段三	146	6.96	4.90	3vs.4	
	階段四	10	1.60	6.83		
互賴度						5
	階段一	3	−.67	3.21		
	階段二	74	1.93	4.58	3vs.2	
	階段三	145	5.11	4.70	3vs.4	
	階段四	10	−1.50	5.23		
穩定度						5
	階段一	4	−2.00	4.32	3vs.1	
	階段二	76	4.97	5.52	3vs.2	
	階段三	148	8.49	4.49	3vs.4	
	階段四	10	3.60	6.83		

*整體雖有顯著差異，但階段兩兩間的差異未達顯著

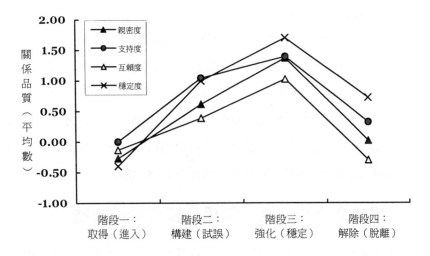

圖二　各關係階段的組織間關係品質

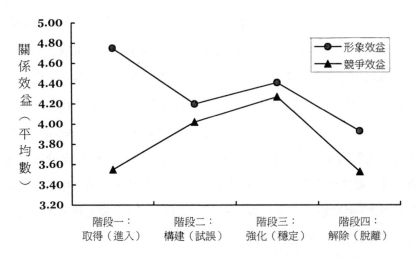

圖三　各關係階段的組織間關係效益

高，尤其在強化階段時，雙方的關係品質更達到一個高峰。

　　就關係效益而言，競爭效益的曲線頗類似關係品質的支持度，而
具有倒V形的關係，顯示在建構（階段二）與強化（階段三）階段時，
競爭效益較高，尤其是強化階段；至於取得與解除階段則較低。值得
注意的是，對形象效益來說，雖然各階段的差異似乎未達顯著，但曲
線卻與其他效標變項不同，在階段一時反而較高，表示階段一時所產
生的形象效益較高，甚至可能高於階段三的強化階段。

二、組織文化相似性、關係品質與關係效能

　　表八說明了組織文化相似性、關係品質、關係效能等變項間的相
關。在各預測變項間的相關方面，組織文化相似性各向度的相關在.25
與.71之間，安定取向與其他向度相關較低，相關在.25至.43之間，其餘
向度之間則較高，表示團隊取向、績效取向、及敬業取向彼此之間的
獨立性可能不夠高，但由於三者概念並上不相同，而且重複之變異量
在50%以下，仍然做獨立分析。另外，組織間關係品質各向度間的相
關在.65與.80之間；效標變項中的競爭效益與形象效益的相關在.75，
相關都不算太低，但也因為有其概念上的意義，因素之間並非是重複
或其中某個因素是多餘的（redundant），因此，分開分析。至於效益與
滿意度、更換機率間的相關，則在－.20與.40之間，具顯著相關，但相
關並不大。至於組織文化相似性與組織間關係品質、來往年數的相關，
在.03與.31之間，相關也不大。

　　在各預測變項與效標變項間的相關方面，組織文化相似性各變項

表八　組織文化相似性、關係品質、及關係效能各研究變項間的相關　(N＝180)

變　項	平均數	標準差	1	2	3	4	5	6	7	8	9	10	11	12	13	14
組織文化相似性																
1.團隊取向	50.40	8.70	(.91)													
2.安定取向	21.9	4.48	.43***	(.85)												
3.績效取向	36.86	5.21	.71***	.31***	(.81)+											
4.敬業取向	13.37	2.47	.62***	.25***	.66***	(.72)										
組織間關係品質																
5.親密度	11.59	10.68	.24***	.03	.26***	.11	(.96)									
6.支持度	6.05	5.27	.23***	.07	.20**	.08	.74***	(.92)								
7.互賴度	3.70	4.99	.27***	.31***	.29***	.12	.77***	.65***	(.86)							
8.穩定度	6.99	5.33	.24***	.07	.29***	.13*	.80***	.78***	.72***	(.94)						
9.來往年數	4.55	1.64	.11	.11	.20**	.15*	.12	.08	.18**	.19**	—					
組織間關係效能																
10.競爭效益	41.49	8.21	.37***	.23***	.46***	.25***	.40***	.33***	.41***	.36***	.04	(.93)				
11.形象效益	21.69	4.24	.36***	.13*	.43***	.22**	.27**	.18*	.34***	.24**	.01	.75***	(.85)			
12.整體效益	63.15	11.73	.38***	.21**	.48***	.26**	.37***	.29**	.40***	.33***	.04	.97***	.89***	(.95)		
(10+11)																
13.合作滿意度	2.35	.31	.24**	.11	.27***	.16*	.51***	.37***	.35***	.37***	.11	.40***	.28**	.38***	—	
14.更換機率	33.28	23.63	-.26***	-.05	-.19**	-.12	-.35***	-.33***	-.30***	-.32***	.05	-.20**	.20**	-.21**	-.27***	—

＋括弧內為該變量表的信度 Cronbach's α　*p＜.05　**p＜.01　***p＜.001

與組織效能間的相關在－.26與.48之間；組織間關係品質與組織效能
間的相關在－.35至.51之間；來往年數與組織效益間的相關在.01與.05
之間。顯然地，來往年數與組織文化相似性、關係品質、及組織效能
沒有必然的關係，相關最大者為.20（與績效取向間的相關），其餘大多
趨近零相關。另外，安定取向相似性與合作滿意度、更換機率的相關
也不顯著。換言之，除了來往年數與安定取向相似性之外，其餘預測
變項與效標變項均具有顯著或某種程度的相關。

　　為了進一步瞭解各預測變項對效標變項的預測效果，本研究進行
了逐步迴歸分析，結果如**表九**所示。由**表九**可知，在競爭效益的預測
方面，以績效取向相似性、互賴度、及支持度具顯著效果：其中績效
取向相似性的β值為.60（p＜.001），$\triangle R^2$為.22（p＜.001）；互賴度的β
值為.32（p＜.001），$\triangle R^2$為.10（p＜.001）；支持度的β值為.26（p＜
.05），$\triangle R^2$為.02（p＜.05），總共可以解釋 34% 的競爭效益變異量。
在形象效益的預測方面，以績效取向相似性、互賴度、及穩定度具顯
著之預測效果：其中績效取向相似性的β值為.31（p＜.001），$\triangle R^2$為
.20（p＜.001）；互賴度的β值為.31（p＜.001），$\triangle R^2$為.06（p＜.001）；
穩定度的β值為－.16（p＜.05），$\triangle R^2$為.02（p＜.05），三個變項總共可
以解釋28%的變異量。由以上的結果，可以瞭解對組織效益而言，以
績效取向的相似性與互賴度，最具預測效果，表示當兩家公司的組織
文化都強調績效取向、互相依賴與共生性強時，彼此所獲得的直接或
間接效益比較大；反之，則效益較小。

　　而對競爭效益而言，當對方的支持度或配合度較大時，競爭效益

表九 組織文化相似性、組織間關係品質、以及來往年數對組織關係效能之逐步迴歸分析 (N＝180)

預測變項	競爭效益					形象效益					合作滿意度					機會更換率				
	β	ΔR²	R²	F	p	β	ΔR²	R²	F	p	β	ΔR²	R²	F	p	β	ΔR²	R²	F	p
績效取向	.60***	.22	.22	50.86	.0001	.31***	.20	.20	45.1	.0001	—	—	—	—	—	—	—	—	—	—
互賴性	.32***	.10	.32	25.08	.0001	.31***	.06	.26	12.6	.0005	—	—	—	—	—	—	—	—	—	—
互利性	.26*	.02	.34	4.01	.0468	—	—	—	—	—	—	—	—	—	—	—	—	—	—	—
穩定度	—	—	—	—	—	−.16*	.02	.28	2.79	.0387	—	—	—	—	—	—	—	—	—	—
親密度	—	—	—	—	—	—	—	—	—	—	.31***	.22	.22	49.33	.0001	−.77***	.16	.16	33.90	.0001
團隊取向	—	—	—	—	—	—	—	—	—	—	.21***	.04	.26	8.44	.0001	−.42*	.02	.18	5.13	.0247

註：一為無差異，*p＜.05，**p＜.01，***p＜.001

較大。值得注意的是，對形象效益而言，雖然穩定度與形象效益間的簡單相關為.24，但在排除績效取向的相似性與互賴度之後，相關為負，表示當兩家公司間的績效取向相似越高、互賴度越高，則穩定度稍低，可能有助於形象效益的提高。

在合作滿意度的預測方面，以親密度與團隊取向相似性具顯著之預測效果：親密度的β值為.01（p＜.001），$\triangle R^2$為.22（p＜.001）；團隊取向相似性的β值為.01（p＜.001），$\triangle R^2$為.04（p＜.001），總共可以解釋26%的合作滿意度變異量。表示當雙方的親密度較高、團隊取向的組織文化較相似時，雙方的合作滿意度較高。在更換機率的預測上，仍然以親密度與團隊取向相似性具顯著之預測效果：親密度之β值為−.77（p＜.001），$\triangle R^2$為.16（p＜.001）；團隊取向相似性之β值為−.42（p＜.05），$\triangle R^2$為.02（p＜.001），合計可以解釋更換機率變異量的18%。顯示當擁有關係的雙方公司之親密度低，且團隊取向組織文化的差距大時，雙方更換合作對象的可能性較高。

綜合上述分析，可以發現在成本效益、形象效益等直接或間接效益上，以績效取向的組織文化相似性、關係品質中的互賴度、支持度或穩定度的預測效果較佳；但在合作滿意度或更換機率上，則以關係品質中的親密度與組織文化中的團隊取向相似性較具預測效果。

肆、討論

　　台灣雖然中小企業林立，但在國際競爭中表現却極為優異，有許多研究認為主要是因為台灣的企業之間已經形成分工細密的組織間網絡（interorganizational network）。然而，截自目前為止，對台灣企業間網絡的探討多停留在概念層次的分析或只進行網絡結構的探討，鮮少去證實台灣組織網絡的形成過程及其間所存在的一些特徵。為了彌補此項不足，本研究以對偶關係為主要切入點，探討了關係階段與關係品質、關係效益的關係，以及組織文化、關係品質對關係效能的影響，期解答(1)長、短期關係或不同關係階段間，是否確實存有不同的關係品質與關係效益？(2)企業文化的相似性、關係品質如何對關係效能發生影響效果？等兩個主要的問題。

　　就第一個問題而言，近幾年已有不少概念模式的提出，幾乎一致認為長期關係要較短期關係，在互惠、互利、互賴上有較佳的關係品質，並較容易有較高的互信（如 Dollinger, 1990；Larson, 1992；鄭伯壎、劉怡君，1996）。根據本研究的結果，這項結論顯然是獲得支持的。在除了形象效益的各項指標上，包括親密度、支持度、互賴度、穩定度及競爭效益，都有長期關係重於短期關係的趨勢；同時，由階段一、階段二、階段三及階段四成一種倒V的曲線關係，其中階段三最高，階段二其次，階一與階段四最低。在進行各階段的兩兩比較時，雖然由

於是方便取樣,階段一與階段四的公司家數較少,以致有些階段間的差異未達顯著。但從平均數的差距中,仍可看出此種倒V形的趨勢,顯示強化階段的關係品質與競爭效益確實有高於構建階段,再高於取得與脫離階段的現象。

在形象效益方面,各階段的差異不大,但階段一似乎有較高的現象。可能的解釋之一是本研究的主體公司的知名度頗高,名聲也相當不錯,對能與之交往進入網絡的協力公司來說,不是很容易。因此,在建立關係之初,期望比較高;而覺得有較高之形象效益,但交往一段時間,面對品質、交期等現實問題之後,主觀的形象效益可能就會降低。由於此項結果不夠顯著,是否如此,仍需做進一步的驗證。

另一個值得討論的重點是:關係階段的劃分究竟要採用客觀的時間來劃分呢?還是用主觀的認定來劃分?這個問題常常是許多歷程研究爭論的重點,包括團體的形成、組織文化的形成(如 Schein, 1985)等。從本研究的結果看來,客觀的時間劃分,似乎無法對關係品質、關係效益、或其他關係效能擁有較佳之區分能力,時間長短與各關係品質、效能變項的相關均趨近於0。受試者主觀的認定,反而具有較高的區辨能力。因此,對關係階段的區分,似乎以主觀的認定較佳。

就第二個問題而言,不少研究者也強調共享價值觀(shared value)與關係品質(如Morgan & Hunt, 1994)或關係效益(如Camerer & Vepsalainen, 1988)是有關的,本研究也證實此一想法是正確無誤的。

然而,本研究則更進一步指出了:所謂共享價值觀只是一泛泛之概念。事實上,仍需依照組織文化的實質內容去做區分,某些內容上

的共識是與關係品質或效益關係較為密切的，如績效取向與團隊取向；某些內容則關係較為薄弱，如安定取向與敬業取向。因此，不僅是價值觀的「相似性」與關係網絡的建立有關，實質的價值觀內容也很重要。換言之，文化契合論與強勢文化論都各有其解釋的空間，但採統合的說法也許更適切。

其次，本研究亦指出了，在對關係效益、合作滿意度、更換機率的預測方面，經濟效益（**包括競爭效益與形象效益**）與心理效益（**包括合作滿意度、更換機率**）所著重的預測變項是不同的。對經濟效益而言，績效取向相似性及關係品質中的互賴度預測效果較佳；但對心理效益而言，則以團隊取向相似性及關係品質中的親密度預測效果較佳。這說明了當初研究者在建構穿透模式時，將經濟條件或市場條件與心理條件或關係條件區分開來是有道理的，這兩種條件不但概念不同而且決定要素也不太一樣：經濟效益講究的是經濟條件的滿足。因此，績效取向的共享價值觀、關係品質中的互賴度、支持度具有較佳之預測力；至於心理效益講究的是情感的滿足，強調的是心理感受。

因此，團隊取向價值觀與關係品質中的親密度具有較佳的預測效果。推而言之，在華人的組織間網絡中，不止要能夠彼此互利共生，重視經濟利益，而且要講究彼此間的友誼交情，滿足心理感受，交易關係方可維繫長久。這證實了研究者質化研究的結果：在組織間網絡中，生意來往，除了業務之外，也擁有交朋友的性質；有時甚至友誼重於利益，但利在義中（鄭伯壎、劉怡君，1996）。就這一點而言，西方的文獻是較少強調的，多數的西方研究者在討論交易關係時，仍然

將焦點放在經濟利益上，講求互惠、互利、互賴等的關係品質；但對華人企業而言，除了經濟利益之外，彼此間形成更親密的關係，建立友誼，由陌生人轉變爲熟人，甚至成爲知己，也是必須多加考慮的。

根據對經濟效益與心理情感兩大終極目標的不同強調，也許可以將現行的組織間網絡的概念更精細地劃分爲四大類型：包括同時強調經濟利益與心理情感的義利共生網絡、特別強調經濟利益的策略結盟網絡、重視心理情感的社會情感網絡及完全忽視對方經濟利益與心理情感之自由市場網絡（如**圖四**所示）。義利共生網絡也許可以用許多台灣衛星體系內的企業間關係爲代表（**如趙蕙玲，1993**）。策略結盟網絡重視的是結盟後的主要經濟效益，彼此間的感情涉入較少，兩利雙贏則合，反之則散，具有鬆散結合（loosely coupling）的本質。因此，現行西方文獻所強調的策略結盟的企業間關係應爲典型。社會情感網絡較講求彼此間的情感與感受，一般華人家族企業集團內的企業間關係應屬於此類。最後，自由市場網絡可以以傳統自由市場狀況下的企業間關係爲代表，理由是基於利潤極大化、自利的原則，交易的雙方只關心自己的利益或感受，而不管對方的死活。以後也許可以針對這四個類型，持續進行比較性的研究，以突顯華人企業組織間網絡的特色。

華人文化傳統中的關係取向（guanxi orientation）在組織間網絡中究竟扮演何種角色，也是值得做進一步的探討。許多研究者都已指出了水平的關係取向（horizontal guanxi orientation）是華人企業間網絡中的重要因素，並以修竹網絡（bamboo network）稱之。但是關係取

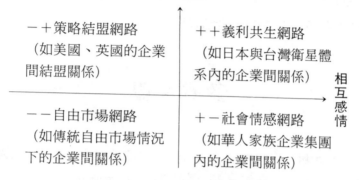

圖四　組織間網絡的可能類型

向究竟是如何發揮其作用的？運作方式如何？有何競爭優、劣勢？都得進行更細緻的研究。再者，本研究已指出組織文化相似性會影響關係建立的品質與效能，這似乎隱含著價值契合在社會認同（social iden-tity）中有其重要性。因此，與社會認同有關的其他相似性，如組織背景（organizational demographics）、主持人的人口統計背景（CEO's indi-vidual demographics）是否也可發揮同樣的效果，亦值得研究。本研究雖然蒐集了250對的對偶關係資料，但却只針對一家企業蒐集之，其結果的類推性有待後續研究之證實。即後續的研究可將不同產業納入研究範疇，蒐集不同產業的對偶資料，以檢驗本研究結果的普同性。此外，對於對偶關係的解離過程，由於不是本研究的重點，所以本研究並不加以深探。但對於後續的研究者，應可採縱貫式的研究法，以釐清關係解離的動態歷程。

　　總之，從本研究的結果中，可以初步解答有關華人企業間網絡中的對偶關係性質、長期關係的優勢、組織文化在關係形成中的角色，這對未來的研究與實務應該饒有意義。

參考文獻

夏林清、鄭村棋（民79年）：〈一個小外包廠的案例調查──家族關係與雇傭關係的交互作用〉。《台灣社會研究季刊》，卷2(3):187-212。

陳介玄（民83年）：《協力網絡與生活結構──台灣中小企業的社會經濟分析》。台北市：聯經出版事業公司。

陳家聲、任金剛（民84年）：〈台灣集團企業之組織文化研究〉。華人心理學家學術研討會（台大心理學研究所）。

黃光國（民77年）：《中國人的權力遊戲》。台北市：巨流圖書公司。

趙蕙玲（民82年）：〈協力生產網絡資源交換結構之特質──經濟資源交換的社會網絡化〉。近期組織變遷理論之發展：與本土經驗研究的對話專題研討會（中央研究院民族學研究所）。

鄭伯壎、任金剛、莊仲仁（民82年）：〈組織文化與組織氣候之調查研究〉。台灣工業技術研究院委託之研究報告。

鄭伯壎、郭建志（民82年）：〈組織價值觀與個人工作效能：符合度研究途徑〉。《中央研究院民族學研究所集刊》，期75: 69-103。

鄭伯壎、劉怡君（民84年）：〈義利之辨與企業間的交易歷程：台灣組織間網絡的個案分析〉。《本土心理學研究》，期4:2-41。

鄭伯壎（民79年）：〈組織文化價值觀的數量衡鑑〉。《中華心理學刊》，卷32:31-49。

鄭伯壎（民82年）：〈組織價值觀與組織承諾、組織公民行為、工作績效的關係：不同加權模式與差距模式之比較〉。《中華心理學刊》，卷32(1):43-58。

鄭伯壎（民84年a）：〈差序格局與華人組織行為〉。《本土心理學研究》，期3:142-219。

鄭伯壎（民84年b）：〈組織價值的上下契合度與組織成員個人的效能〉。《中華心理學刊》，卷37(1):25-44。

鄭伯壎（民85年）：〈組織網絡的形成及其相關因素的探討〉。國科會專題研究計劃成果報告。

謝國雄（民81年）：〈立業基及其活化：台灣小企業創業及立業過程之研究〉。企業組織、社會關係與文化慣行：華人社會的比較研究學術研討會（中央研究院民族學研究所）。

韓格理（Hamilton, G.G.）、畢佳特（Biggart, N.W.）（民79年）：〈市場、文化、與權威：遠東地區管理與組織的比較分析〉。《中國社會與經濟》（張維安譯）。台北市：聯經出版事業公司。

Abrahamson, E., & Fombrum, C.J. (1994). Macrocultures: Determinants and consequences. *Academy of Management Review,* 8(4): 728-755.

Anderson, J.C., Hakansson, H., & Johanson, J. (1994). Dyadic business relationships within a business network context. *Journal of Marketing, 58*: 1-15.

Axolrod, R. (1984). *The evolution of cooperation.* New York: Basic Books.

Camerer, C., & Vepsalainen, A. (1988). The economic efficiency of corporate culure. *Strategic Management Journal, 9*: 115-126.

Chandler, A.D., Jr. (1977). *The visible hand.* Cambridge, MA: Harvard University Press.

Dillman, D.A. (1991). The design and administration of mail surveys. *Annual Review of Sociology, 17*: 225-249.

Dollinger, M.J.(1990). The evolution of collective strategies in fragmented industries. *Academy of Management Review, 14*(2): 266-285.

Drucker, P.F. (1995). The information executives truely need. *Harvard Business Review*, January-February, 54-62.

Dwyer, F.R., Schurr, P.H., & Oh, S. (1987). Developing buyer-seller relationships. *Journal of Marketing, 51*: 11-27.

Enz, C. (1986). *Power and shared value in the corporate culture.* Ann Arbor, MI: UMI Research Press.

Farh, J.L., Tsui, A.S., & Cheng, B.S.(1995). The influence of relational demography and guanxi: The Chinese case. Paper presented to the organizational Behavior Division of the Academy of Management at the 1995 National Meeting, Vancouver, Canada.

Jarillo, J.C. (1988).　On strategic networks.　*Strategic Management Journal*, 9: 31-41.

Keohane, R. (1986). Reciprocity in international relations.　*Interorganizational Organization*, 40(1): 1-27.

Larson, A (1992).　Network dyads in entrepreneurial settings: A study of the governance of exchange relationships.　*Administrative Science Quarterly*, 37: 76-104.

Morgan, R.M., & Hunt, S.D. (1994).　The commitment-trust theory of relationship marketing.　*Journal of Marketing*, 58: 0-38.

Nohria, N. (1992).　Is a network perspective a useful way of studying organizations?　In N. Nohria & R.G. Eccles (Eds.), *Networks and organizations*.　Boston: Harvard Business School Press.

Oliver, C. (1990).　Determinants of interorganizational future directions.　*Academy of Management Review*, 15(2): 41-265.

O'Reilly III, C.A., Chatmen, J.A., & Caldwell, D. (1991).　People and organizational culture: A profile comparison approach to assessing person-organization fit.　*Academy of Management Journal*, 34(3): 87-516.

Perrow, C. (1992).　Small-firm networks.　In N. Nohria & R.G. Eccles (Eds.), *Networks and organizations: Structure, form, and action.*　Boston, MA: Harvard Business School Press.

Pfeffer, J., & Salancik, G. (1978). *The external control of organizations.* New York: Harper & Row.

Powell, W.W. (1990). Neither market nor hierarchy: Network forms of organization. *Research in Organizational Behavior,* 12: 295-336.

Ring, P.S. & Van de Ven, A.H. (1994). Developmental processes of cooperative interorganizational relationships. *Academy of Management Review,* 19(1): 90-118.

Schein, E.H. (1991). *Organizational culture and leadership*(2nd ed.). San Francisco: Jossey-Bass.

Snow, C.C., Miles, R.E., & Coleman, H.J., Jr. (1992). Managing 21st century network organizations. *Organizational Dynamics,* Winter, 5-20.

Thorelli, H.B. (1986). Networks: Between markets and hierarchies. *Strategic Management Journal,* 7: 37-51.

Wilson, D.T. (1995). An integrated model of buyer-seller relationships. *Academy of Marketing Science,* 23(4): 335-345.

領袖的德行：
現代儒學中的一個起點

謝貴枝
香港大學商學院

梁　覺
香港中文大學心理學系

〈摘要〉

「內聖外王」是儒家思想重要的理論根基，理想的領袖要以他(或她)的德行感化追隨者。相對來說，西方的領袖模式則以「術」(task skills) 和「御人之法」(interpersonal skills)爲主，領袖的德行不被重視。

這論文以實驗形式來測試「德」、「術」和「御」的影響力。本研究選了153位香港經理爲測試對象，將他們共分爲八組，以情境模擬判斷(scenario judgement)方法評估八類「德（高、低）× 術（高、低）× 御（高、低）」領袖對一間公司業績表現、員工和形象的影響。

在員工士氣和忠誠方面，「御」的影響顯著；「御」高士氣便高。在公司對外形象上，「德」和「術」的影響顯著，「德」高或「術」高都能帶來較好的公司形象。在公司業績方面，「德」、「術」和「御」都有影響；「術」或「御」高則預計業績較高，但「德」高的話，預計業績就低，這反映出經理人的心聲，「德行」也許是「叫好不叫座」的特質。看來經過多年的洗鍊，在「適者生存」商業的大氣候中，領袖的德行仍有影響力；這發現也許是重建現代儒學應用在商業中的起點和支持。

一、前言

　　「德行」是個人行為在社會道德水平中被評價的一個特性。在儒家思想中，個人的德行不單是代表個人修養，更是一位好領袖的基礎。我們的常用語「格物、致知、修身、齊家、治國、平天下」說明要先有好的德行才能「齊家、治國」，儒學中的「內聖外王」也同樣指出德行是領袖的重要特性。

　　但是在西方現代領袖理論中「德行」不被重視，西方的理論注重該領袖能否領導同仁達成某項任務。因此大部分的理論是集中在領袖的才能和處理人事的能力。只要沒有犯法，領袖的「人格」和「道德水平」就不會影響該領袖的領導能力。

　　這論文是研究「德行」怎樣影響現代華人商業領袖。我們測試的對象是香港商業經理們。我們挑選香港商業經理為測試對象是有兩個特殊原因：首先，在各地華人社會中，香港比中國和台灣都西化；在香港找到「德行」的影響是比較在其他兩地為難。反過來說，若發現「德行」對香港的經理有影響的話，這結果便能應用於其他兩地華人社會。

　　另一原因是因為不同行業有不同的專業守則。相比教育和社會服務的行業，從事商業工作較缺乏專業守則。在商業競爭中往往是「弱肉強食」，因此商業經理也可能較少重「德行」；反而重「才能」和「御

人之法」。故此，香港商業經理的「德行」是最不可能成爲領袖品格的。

　　我們測試153位香港經理，評定他們決定一位商業領袖時，該領袖的「德行」、「術：才能」和「御人之法」對他/她的影響。

　　換句話說，如果我們在這個測試中證明「德行」是有影響的話；這就證明經過多年西化和洗鍊，這個儒家思想的根基仍存在，這對我們這些華人管理研究者會有一定的鼓舞。這也是我們設計這項研究的心意。

二、現代西方領袖理論

　　西方的文化是帶有強烈「向前要求」生活的路向（梁漱溟，1987）。簡單來說，西方文化崇尚理智，重視個性，提倡競爭。它注重「做事」和追求實際的效用（彭泗清，1993）。在這些特有的文化取向下，西方領袖理論是看重一位領袖怎樣領導一個群體達成某個指定目的。故此在西方七類領袖理論中除了「魅力」理論（charismatic theory）外，其他都集中於解釋領袖怎樣達成任務。領袖理論分述如下：

1.群體目標理論（indiosyncrasy credit theory）

　　這理論認爲領袖是一個以影響群眾來達到群體的指定目標。Stogdill（1974）比較了52個領袖因素分析結果，發現最常見的領袖因素，包括：(1)社交和與人相處能力（social and interpersonal skills）；(2)工作

專長能力（technical skills）；(3)行政能力（administrative skills）；(4)領導效果和成就（leadership effectiveness and achievement）；(5)友善與否（social nearness and friendliness）；和(6)思辨能力（intellectural skills）。

2.權變理論（contingency theory）

這理論描寫一個領袖的性格怎樣與環境結合。它集中解釋在不同情境下領袖與跟隨者的關係，進而解釋一個領袖能否有效地利用環境和人際關係來達到指定目標。

3.路徑目標理論（path goal theory）

這理論解釋一個領袖如何被跟隨者接受，以致跟隨者能夠得到鼓勵和工作滿足感，從而達成指定任務。簡而言之，領袖就是達到目標的路徑（path）。過往的測試發現領袖的社交能力、群體參與、自信心和支配能力都是領袖的重要特質。

4.理性決策理論（rational decision making theory）

這理論假設不同的問題需要不同的決策方法來解決。所以這理論集中於制定一套全面的分析方法，能使領袖有效地運用不同的決策方法來處理難題。Filley, House, & Kerr(1976)是這理論的代表論文之一，他們制定一個擁有七個特性的模式來分析不同的難題；經過分析後，領袖便選出五種不同的決策方式，以解決該等難題。

5.領袖屬性理論（attribution theory of leadership）

這理論集中以個人的行動來確認誰是眞正的領袖，它首先將不同的行動分爲「領袖性」與「非領袖性」行動。接著便利用這分類的行動來分辨誰是群體中眞正的領袖。

6.制約理論（operant conditioning theory）

這理論是從賞罰層面看領袖效能。簡單來說，領袖只要設立明確的賞罰制度便能有效地領導群眾達到指定目的。過往的研究證明賞罰制度與員工的工作滿足有重要關係。

7.魅力領袖論（charismatic theory of leadership）

這理論集中解釋一個領袖的個人能力怎樣影響群眾。這些影響包括對領袖的忠誠和無疑惑地執行領袖的命令。根據過往的研究成果，我們可歸納出一個魅力的領袖是有以下的品格和行爲：

——有自信心；

——對工作有熱誠；

——能使人覺得他（或她）有能力達成工作目標；

——有落實理想的能力；

——追隨者感覺他們對工作成敗有貢獻；

——能挑起追隨者潛在動力，以達成工作目標；

——能將追隨者的想法理想化。

　　除了魅力領袖論外，其他六種領袖論都注重任務的重要性；也就是說，這些西方的理論認定領袖是一個工具，其用處是要達到組織的目的而已。

　　就是魅力領袖論也不是以領袖的德行為中心；當然，領袖的「德行」可以促使該領袖更有魅力，更能吸引追隨者。但始終這理論並沒有脫離西方文化精神對「達到指定目標」的重視。

三、儒學中領袖的模式

　　儒家所提倡的是一個理想、完美和高道德水平的社會（牟宗三，1984）。在傳統儒學文獻中，有許多提及領袖「德行」的重要性，它們的內容比現代西方領袖論含糊，但仍可以將一些論點分類如下：

1.德行是領袖必須具備的修養

　　最著明的一句就是「格物、致知、修身、齊家、治國、平天下」。領袖首先要修身，就是有良好的個人修養，良好的修養就是有好的德行，這樣才能好好管治家庭和國家。在〈述而篇〉中亦提及「德之不修……吾憂也」，就是說若不好好修正自己的德行，就會感到憂心。許多儒家學者亦同意儒學的中心精神是在乎「內聖外王」，即一個人若能達到聖人一般，便能作好的領袖。

2.「德行」是政策的基礎

〈為政篇〉（2：1）指出「為政以德……眾星拱之」，說明以德行為基本的政策，一定會被民眾景仰和接受的。在《孟子》中說「德者本也，財者末也……」，所以當政策建基於「德」時，該政策必會帶來應有的效果。也就是說德是有效政策的基礎。

3.「德」比其他的領導方法更徹底

一個領袖可以用不同的方法來領導群眾，而儒學提倡以「德」治民比其他方法更為徹底，並能帶出更好的效果。例如〈公孫篇〉上便指出「以力（即是權力）服人者，非心服也，以德服人者，心悅而誠服也」。也就是說以好的德行去領導群眾，被領導者會心中喜悅，而且真誠的服從領袖。〈為政篇〉（2：3）也指出「道之以政，齊之以刑，民免而無恥」；這說出單以強硬政策和刑罰來領導，群眾會因為逃避受刑而從命，但他們不會有羞恥之心，亦不會培養出好的人格；但若用「德」來領導，加上合適的禮教，群眾便會有好的人格。

除了以上三個重點外，儒學中亦有其他提及「德」的地方。〈里仁篇〉（4：25）指出「德不孤，必有鄰」。說出有「德行」之人必發出一種吸引，能夠令其他的人景仰而親近之。

四、研究設計

　　本研究是以實驗方式來測試「德」、「術」和「御」的影響力。我們選了在香港最大商學院兼讀碩士課程的經理們作爲測試對象。首先我們設計了八組問卷；這八組問卷分別評估八類「德（高、低）×術（高、低）×御（高、低）」的領袖對一間公司的影響。我們經過討論和測試設定各模擬判斷；其中一個（德低，御低，術低）描寫如下：

　　黃先生喜好物質消費，私生活頗爲放縱，偶然會花天酒地。熱衷大衆化的娛樂（**例如卡拉OK**），沒有高尚嗜好，對文化藝術活動絕無興趣，生活欠缺規律。黃先生不大重視家庭生活，對雙親不敬，對家人也是一般。雖然在大事上守信，但在小事上他對朋友偶有失信。有朋友覺得黃先生在小事上會佔他們便宜。另外，他對社會服務不大關心，較重視個人利益，很少捐輸。

　　黃先生平素不大友善，喜歡獨處。他有點架子，與下屬保持一定距離。他不大重視員工的福利。行動前不著重解釋和諮詢下屬的意見，並且很少作出改變。當下屬有提議時，他不一定接受。當工作環境可能有變時，他很少事先知會下屬。另外，他缺乏實際行動來促進員工融洽相處。若員工不和時，他會置身事外。公事以外，黃先生很少和

下屬交往。

　　黃先生擁有大學學位。過往工作表現普通，他未曾擔任同類型之職位。他不太注重員工的工作表現，不大熱衷於推行公司指定目標。甚少向下屬解釋自己的見解，甚少表明自己在公司的責任，和甚少表達對下屬的期望及分派任務。他決定工作方向和程序的能力普通。辦事前，他不常試驗方法的可行性。他不大要求下屬遵守公司規例。對員工的工作表現稍欠控制，辦事程序並不統一。

　　我們測試了六班共153位碩士學科的經理們，他們的平均年齡為30歲以上，有七年的工作經驗。研究員先聯絡各碩士課講師們，徵得同意後便到班裏測試。在測試的開始，簡單介紹本研究，邀請碩士同學幫忙；接著便派問卷。問卷是隨機安排的。問卷有中英文兩種；研究對象可以挑選其中之一份問卷作答。153份問卷中，有11位選答英文。

　　問卷有四部份；第一部份是測試「德」、「術」和「御」對測試者怎樣評論黃先生作為該公司分區總經理的人選。為此我們設計了三項題目。包括測試者對(1)黃先生會否繼續被考慮為總經理的同意程度；(2)給予黃先生面試的可能性；和(3)立刻任用黃先生的同意程度。

　　第二部份假設黃先生成為該公司的總經理，在他領導下，測試者要估計該公司的業務表現。我們以三項指標作為公司表現的評估，第一是公司表現，這包括公司的業績和公司的效率。第二是與員工相關的指標，包括員工工作熱誠，員工會否超時工作，工作氣氛，員工會

否將私人問題與黃先生討論，員工相處融洽程度，員工會否因為是公司一份子而感到自豪，黃先生的可信任程度及員工對黃先生的尊重程度。第三是公司對外形象，其中包括公司在外界受尊重的程度和公司的形象好壞程度。第一和第二部份的問題都以語意差異方式回答。

　　第三部份是請測試者在空白位置寫下對黃先生的整體觀感。第四部份是了解測試者對一個管理人的工作表現與他（或她）的不同「德行」、「能力」和「御人方法」的關係，評定其相關性（1至5分）。最後問卷有一些簡單個人資料如性別、年齡和在職經驗等。整份問卷需時十五至二十分鐘完成。

五、初步成果和分析

　　經過初步分析，這研究的成果，可以分列如下：

1.「德行」是否為商業領袖重要品格

　　首先我們看看測試者怎樣描寫對黃先生的整體觀感；我們以內容分析看測試者對黃先生的描述，發現「術」的評語最多；「御」的評語次之；「德」的評語最少。但是「德」的評語仍佔所有評語百分之十八。這顯示「德行」是三類特性中最弱的，但仍有一定的影響。

　　我們將第四部份的問題作因素分析，我們得取了四個因素，可以定名為領袖的成果、領袖的「術」、領袖的「御」和領袖之「德」。接

著我們比較各因素與領袖工作表現的相關性；領袖的德行是被評定爲與工作表現相關性最低的因素。平均評分（2.62）是介乎「有關係」和「沒有意見」中間。其他三個因素都明顯地比「德」爲高；領袖的成果，平均評分爲1.38；「術」爲1.37；「御」爲1.77。

以上的結果有兩個重要的訊息；第一「德行」是一個獨立的領袖品格；也就是說測試者會獨立地評估領袖的「德行」來決定他/她的領導能力。與此同時，「德行」明顯地是較「術」和「御」的影響爲弱。

2.「德行」對被挑選爲領袖機會的影響

在問卷的第一部份，我們設計用三條題目來評估黃先生成爲分區總經理的機率。我們以單項變異數分析比較測試者對這三條題目的評分。我們以實驗中的「德」、「術」和「御」作爲三個主變數（independent variable）。

首先分析是繼續考慮黃先生的同意程度。三個主變數都有顯著的主效果（main effect），而沒有顯著的相互效果（interaction effect）。我們分析各組平均評分時，次序是正常的。說明當「德」、「術」或「御」高時，繼續考慮黃先生的同意程度就高；相反當「德」、「術」或「御」是低時，繼續考慮黃先生的同意程度便低。

接著我們用同樣的方法分析「給予黃先生面試的可能性」。結果是和以上的題目完全一樣；「德」、「術」和「御」有顯著的主效果，但其相互效果則不顯著。而且在評分分析結果也正常，說明當「德」、「術」或「御」高時，給予黃先生面試的機會便越高；當「德」、「術」或「御」

低時，給予黃先生面試機會便低。

相對來說，測試者的「贊成聘用黃先生程度」則有不同。「術」和「御」有明顯的主效果，所有的相互效果都不顯著。各組別評分分析的結果是可理解的，「術」或「御」高的組別比低的組別有顯著高的贊成聘用程度。但「德」這主變數在此沒有顯著效果。這個發現很有趣，「德」能提高「繼續被考慮」和「被面試」的可能性，但不能提高「被聘用」的可能性。看來「德」只是一個輔助變數，但不是領袖的必要條件。從另一角度來看，「德」好像成了「叫好不叫座」的特徵。

3.「德行」對公司的影響

我們將問卷第二部份的15題問題的評分先作一個因素分析；發現有三個因素。他們是「公司業績」、「有關員工的指標」和「公司對外形象」。接著我們以這三個因素計算分數（factor score）作為因變數，利用「德」、「術」和「御」作為主變數進行單項變異數分析，找到以下結果。

首先是「有關員工的指標」因素（包括了工作熱誠、工作氣氛、對黃先生的信任等）。「御」的影響是顯著的，「術」和「德」的影響不顯著；再者，所有的相互效果均不顯著。這發現是可以理解的，因為「術」和「德」都不一定會影響「公司的員工指標」。簡單來說，一個有能力的領袖不一定對員工好；甚至他（或她）可能會過份關注業績而忽視了公司的員工。

接著我們看「公司對外形象」因素，發現「術」和「德」有顯著

影響，但「御」則沒有，而所有的相互效果均不顯著。看來在測試者心目中，公司的形象主要是決定於領袖的能力和他（或她）的「德行」。領袖有沒有好的「御人之法」則不影響公司的形象。

最後亦是最重要的就是「公司業績」因素。在三個主變數中只有「御」有顯著的主效果，「術」和「德」沒有主效果。相互效果却十分有趣。「術」和「御」的相互效果是來自「御」高「術」低的情況；在這情況下，公司業績明顯地比「術」低和「御」低差。這是說出若領袖的辦事能力低而員工士氣高漲時，公司業績最不好。也許這是因為員工會利用領袖的能力低而不「聽話」，不「理采」工作的目標。

另一個顯著的相互效果是來自「御」和「德」；公司的業績最好的情形是當「德」低和「御」高。反過來說，當「德」高和「御」高時，公司業績被評定為最差。而「德」高和「御」低，「德」低和「御」低都比後者為佳。這結果有特別含意，當領袖的「德行」不好加上員工士氣好，公司會不擇手段去爭取業績，故其表現是較好的。但當領袖有「德行」，員工士氣也好時，公司可能會有「曲高和寡」的情況；業績也許因此會不好。這一點也許是商業社會中的一個寫照。

六、結論

這個研究有兩方面值得思考的。第一是有關華人管理研究的發展；第二是有關在管理實務上的應用。

當我們設計這研究時，許多友人都感到意外；他們對在香港商業世界中找到「德行」的影響實在存有懷疑。我們亦好像是回到侏羅紀公園中尋找一個失去的遺存因子（DNA）一樣。到底儒家所提倡的「德行」在現今商業競爭下仍有影響嗎？「德行」會不會已經成了古物，只能陳放在博物館中呢？

反過來說，這個測試是有另一重要意義；因為「內聖外王」實是儒學精神的重要基礎。要是我們在這測試中發現「德行」沒有影響力的話，我們肯定將來發展現代儒學研究會更為艱辛了。

幸好，這個研究證實了雖經多年的洗煉，「德行」仍是中國人理想領袖的品格之一。也就說明我們能在華人管理的研究繼續應用儒家的精神來打開更多研究的路。

從管理實務看，這個研究亦有可應用之處。它的結果指出不論是公司的業績或是公司的形象上，領袖的德行是有一定影響的。在公司業績上，「德行」好像是有點負面影響，但實質來說，只要不成為過份「曲高」以致「和寡」，這負面影響不會大。過往的研究都指出公司的形象會影響該公司的長遠業績。要是這樣，領袖的德行仍有一定的地位。

這個研究有幾點是仍須將來的研究補充的。第一方面這研究仍未能完全地證實「內聖外王」這重要的儒學基礎；將來的研究可以多看重一個領袖怎樣以德行「感化」群眾。也就是說，要研究一個德行好的領袖能否影響他的屬下有良好的「操守」。另一方面這個研究仍未能詳細地了解德行怎樣影響員工的忠誠？比方說，一個德行好的領袖會

否令員工對公司忠誠呢？或是，一個領袖只能吸引員工對他（或她）有忠誠而將公司「個人化」呢？最後，我們期待將來的研究能夠更有效地開拓新的華人管理領域。我們這個研究實在是一個起點而已。

參考文獻

牟宗三（1984）：《中國哲學十九講》。台北：台灣學生書房。

梁漱溟（1987）：《中國文化要義》。香港：三聯書店有限公司。

彭泗清（1993）：〈中國人「做人」的概念分析〉。《本土心理學研究》（台灣大學心理學系），2 期，277-314。

Filley, A. C., House, R. J., & Kerr, S. (1976). *Managerial process and organizational behavior*, Glenview, Ill: Scott, Foresmand and Company.

Stogdill, R. M. (1974). *Handbook of leadership: A survey of theory and research.* New York: The Free Press

國家圖書館出版品預行編目資料

海峽兩岸之組織與管理 / 司徒達賢等作. -- 初版. --
臺北市：遠流, 1998 [民 87]
　　面；　公分. -- （海峽兩岸管理系列叢書；4）

ISBN 957-32-3589-7(平裝)

1. 組織（管理）－ 論文, 講詞等　2. 兩岸關係

494.207　　　　　　　　　　　　　　87012450